Die Welt der Bäume

Die Welt der Bäume

200 Farbfotos

Rudolf Wittmann

Ulmer

Inhaltsübersicht

Einleitung

Was ist ein Baum?

Die exakte Definition des Begriffes „Baum“ ist ungewöhnlich schwierig. Bäume sind ausdauernde, sich selbst tragende Holzgewächse. Systematisch betrachtet handelt es sich um Samenpflanzen, aber auch Farngewächse können zu Bäumen heranwachsen; einige Baumfarne erreichen Höhen von bis zu 20 m. Bäume bestehen meist aus einem Stamm und einer Krone aus Ästen oder einer Schopfkrone aus langen Blattwedeln. Die meisten Baumarten bilden einen Einzelstamm aus, unter bestimmten Bedingungen können aber viele Arten auch mehrstämmig wachsen. Nicht jeder Baum bildet auch wirklich einen Stamm aus: viele Arten entwickeln sich unter den extremen Bedingungen der Tundra oder der Hochlagen der Gebirge nur zu Baumzwergen; streng genommen handelt es sich bei ihnen um Sträucher. Wir sehen, manchmal entscheiden die Wachstumsbedingungen, ob eine Art strauch- oder baumartig wächst. Aber ist sie dann ein Strauch oder ein Baum? Möglicherweise ist die Definition des Strauches hilfreich: als Strauch gilt ein Holzgewächs, aus dem niemals ein Baum werden kann. Wir sollten den definitionsfreien Raum nutzen und diejenigen Pflanzen als Bäume bezeichnen, von denen wir empfinden, dass es sich um Bäume handelt.

Bäume sind zweifellos die ältesten und größten Lebewesen der Erde, sie stellen Rekorde: „Methusalem“ wird eine 4 700 Jahre alte Grannenkiefer (*Pinus longaeva*) in den White Mountains im Westen der USA genannt. Sie ist das älteste bekannte Baum-Individuum. Eine männliche Huon Pine (*Lagarostrobos franklinii*) in Tasmanien pflanzt sich seit 10 500 Jahren vegetativ fort. Das Steineibengewächs bildete einen niedrigen Bestand aus genetisch identischen Pflanzen, der heute eine Fläche von 12 000 m^2 bedeckt. Vergleichsweise jung, nur 200 Jahre alt, ist eine Banyan-Feige (*Ficus benghalensis*) in Kalkutta, ihre ausladende Krone stützt sich auf etwa 1 400 Luftwurzeln und überdeckt eine Fläche von 14 000 m^2. Die mächtige Sumpfzypresse (*Taxodium mucronatum*) von Tule in Mexiko erreicht einen Stammumfang von etwa 36 m.

Ein Küstenmammutbaum (*Sequoia sempervirens*) in den kalifornischen Küstenwäldern ist unglaubliche 112 m hoch. Der „General Sherman“, ein Mammutbaum (*Sequoiadendron giganteum*), ebenfalls in Kalifornien, ist das größte Lebewesen der Erde, die Holzmasse seines Stammes umfasst etwa 1 500 m^3.

Die Entwicklungsgeschichte der Bäume

Vor etwa 400 Millionen Jahren begann die Entwicklung der Landpflanzen, und seit etwa 380 Millionen Jahren gibt es baumähnliche Lebewesen auf der Erde. Fast alle Pflanzengruppen entwickelten in der Geschichte der Pflanzenevolution mehr oder weniger erfolgreiche Baumtypen. So richteten sich Farne, Schachtelhalme, Bärlappgewächse und viele andere Pflanzen zu Bäumen auf, entwickelten verschiedenartige Stammtypen, füllten urzeitliche Wälder und wurden von anderen Baumtypen wieder zurückgedrängt. Pflanzengruppen wie Palmen, Nacktsamer (z.B. Nadelbäume) und seit der Kreidezeit vor etwa 100 Millionen Jahren auch die Blütenpflanzen brachten besonders erfolgreiche Baumarten hervor. Die Blütenpflanzen besiedeln heute mit etwa 240 000 Arten alle Winkel unserer Erde, in denen höheres pflanzliches Leben möglich ist.

Die Ausbreitung pflanzlichen Lebens hatte weitreichende Folgen. Durch den Prozess der Photosynthese wurde die toxische Kohlenstoffkonzentration in der Atmosphäre deutlich reduziert. Der Kohlenstoff sammelte sich in den Pflanzenleibern, wurde so zu Biomasse und nach Jahrmillionen zu Kohle. Dabei wurde mehr und mehr Sauerstoff freigesetzt, und ein lebensfreundliches Klima entstand auf der Erde. Durch diese Dienstleistung der Pflanzen wurde tierisches und menschliches Leben möglich, Pflanzen dienen außerdem als primäre Nahrungsgrundlage für alle höheren Lebensformen. Allmählich entwickelten sich die verschiedensten Ökosysteme unserer Erde. Dabei war immer ein komplexer Kreislauf vorhanden; ein ausgewogenes Zusammenwirken aller niedrigen und höheren, pflanzlichen und tierischen Lebewesen war das Prinzip dieser äußerst erfolgreichen Lebensgemeinschaften.

Etwa ein Drittel der Landmasse der Erde ist heute von Wäldern bedeckt. Diese Waldflächen sind von überragender Bedeutung. Sie prägen entscheidend die Lebensbedingungen auf der Erde. Die Wälder sind ein wesentlicher Teil der globalen Stoffkreisläufe, sie beeinflussen die Zusammensetzung der Erdatmosphäre, das Klima und den Wasserkreislauf des blauen Planeten. Die noch vorhandenen Urwaldgebiete sind für die Artenvielfalt der Lebewesen von größter Wichtigkeit.

Viele Baumarten verbreiteten sich durch die geologischen Verschiebungen ganzer Kontinente.

Zahlreiche Arten sind vor den Gletschern der Eiszeiten geflüchtet oder durch langfristige klimatische Veränderungen in verschiedenen Regionen ausgestorben. Mit Hilfe der Menschen sind einige von ihnen wieder in ihre früheren Verbreitungsgebiete zurückgekehrt. Pflanzensammler, Pflanzenliebhaber, Gärtner und Forstleute bescherten vielen Baumarten sogar eine globale Verbreitung weit über ihre natürlichen Areale hinaus.

Vom Umgang mit Bäumen

Im Laufe der Menschheitsentwicklung genossen die Bäume ein besonders hohes Ansehen. So wurden sie oft als Götter verehrt oder galten als Wohnstätte verschiedener Gottheiten. Allen Kulturen der Erde war die Achtung vor den Bäumen und den Wäldern wichtig. Noch der Mensch der Antike, so ist bei Plinius nachzulesen, sah in den Bäumen das höchste Geschenk der Götter. Doch bereits vor dieser Zeit kam es zu den ersten größeren Rodungen im Mittelmeerraum. Die Ägypter und Phönizier bezogen riesige Holzmengen aus Kreta und Zypern. Von den andalusischen Sierren bis zu den anatolischen Dags sowie in den Gebirgen des Libanon und Nordwestafrikas waren noch zu Beginn des klassischen Altertums dichte Wälder vorhanden. Durch Abholzung und

Beweidung vergriff sich der Mensch bereits im ersten Jahrtausend vor Chr. massiv an der „Welt der Bäume". Zu flächigen Rodungen kam es zu dieser Zeit auch in China. Der Mensch nutzte das Holz der Bäume, rodete und verbrannte, um Land zu bewirtschaften.
Die Waldvernichtung gipfelt in unseren Tagen. Etwa 80 % aller Urwälder der Erde sind bereits verloren. Derzeit werden Jahr für Jahr etwa 15 Millionen Hektar Wald, überwiegend tropischer Regenwald, gerodet. Nach Ermittlungen der Food and Agriculture Organisation (FAO), der für den Wald zuständigen Organisation der Vereinten Nationen, gehen derzeit jährlich 0,7 % der tropischen Wälder unwiederbringlich verloren. Der Holzverbrauch der Industrieländer ist gigantisch. Riesige Holzmassen werden über die Weltmeere transportiert. Viele Länder in den tropischen Regionen der Erde sehen als Weg zum wirtschaftlichen Erfolg die Ausbeutung der Tropenwälder. Global Forest Watch berichtet: „Für 40 Prozent der verbliebenen Urwälder in den Tropen Afrikas sind derzeit bereits Fällkonzessionen erteilt. Die zwischen 1990 und 1995 gerodete Fläche der Amazonas-Regenwälder entspricht der gemeinsamen Landesfläche von Österreich und der Schweiz. Indonesien hat in den letzten 50 Jahren etwa 40 Prozent seiner Urwaldflächen verloren."
Neben dem Export von Tropenholz gefährdet die Ausweitung landwirtschaftlicher Produktionsflächen die Urwälder. Mit großflächigen Brandrodungen für den Anbau von Kautschuk, Palmöl, Soja, Kakao oder Kaffee versuchen viele Entwicklungsländer in den Tropen neben dem Eigenbedarf den extrem hohen Bedarf an Rohstoffen und Agrarprodukten der Industrieländer zu stillen. Einseitiges, ausschließlich gewinnorientiertes Wirtschaftsstreben ist oft die unmittelbare Ursache kollabierender Ökosysteme, großflächiger Klimaveränderungen, ungeheurer Flutkatastrophen und immer häufiger werdender Missernten in den ärmsten Ländern der Erde.
Durch Verbrennung wird der in Jahrmillionen gebundene Kohlenstoff rasch wieder frei gesetzt. Dies führt zum Treibhauseffekt und die daraus folgende rasche Erwärmung wird zur globalen Bedrohung.
Die Folgen der gnadenlosen Ausbeutung der Wälder sind auch in den gemäßigten Zonen der Erde unverkennbar, auch wenn die Gesamtwaldfläche in diesen Regionen der Erde derzeit wieder zunimmt. In die Waldbilanz werden neu gepflanzte Plantagenwälder mit eingerechnet. Nordamerika verlor zwischen 1990 und 2000 insgesamt 12,3 Millionen Hektar Urwälder. In den meisten Länder des ehemaligen Waldkontinents Europa sind Urwälder völlig verschwunden. Giftige Industrieabgase zerstörten große Waldgebiete in den Ländern des ehemaligen Ostblocks.
In Sibirien, im Norden der Region Krasnojarsk, wird die Fläche der durch anthropogene Einflüsse vernichteten oder irreversibel geschädigten Taiga- und Tundravegetaion auf 9 Millionen Hektar geschätzt. Die flächige Waldrodung im Norden Chinas hat die rasche Ausbreitung der innerasiatischen Wüsten zur Folge. Ein grüner Wall aus Millionen Pappeln ist der verzweifelte Versuch, den Wüstensand zu stoppen. Der gigantische Holzbedarf der aufstrebenden Wirtschaftsmacht China wird, nach dem Holzeinschlagmoratorium im Reich der Mitte, durch Importe aus Sibirien gestillt.
Diese direkte Bedrohung der Bäume und Wälder wird noch durch eine in ökologischer und ethischer Hinsicht sehr bedenkliche Entwicklung gesteigert: Der Mensch ist mit den Genen der Pflanzen nicht mehr zufrieden, setzt die Bausteine des Lebens neu zusammen, um „bessere" Kulturpflanzen und „leistungsfähigere" Plantagenbäume zu erschaffen.
Ein anderer (vergleichsweise harmloser, aber doch bezeichnender) Aspekt der mangelnden Achtung vor den Bäumen zeigt sich in den so genannten entwickelten Ländern: Bäume werden häufig zur Begrünung von Straßen, Industrie- und Gewerbebauten benutzt. Bei den Neupflanzungen wird den Bäumen allzu oft zu wenig Standraum zugestanden. Alte Bäume werden an vielen Orten durch Baumaßnahmen bedrängt, beseitigt oder förmlich einbetoniert.

Eine Hommage an die Baumfreunde

Seit etwa 100 Jahren wirken Naturschutzpioniere der globalen Bedrohung von Wäldern und Bäumen entgegen. Der Erfolg sind viele Naturparks und Naturschutzgebiete, großartige Ökosysteme und bewundernswerte Baumdenkmäler konnten erhalten werden. Ihr Werk weist in die Zukunft und zeigt den Weg zum pfleglichen Umgang mit der Natur. Ebenso ist die Leistung der Baumfreunde, die gegen die Fällung eines unscheinbaren Park- oder Straßenbaumes protestieren oder einen alten Baumriesen bewahren, ungeheuer wertvoll.
Das vorliegende Buch soll alle Baumfreunde unterstützen. Ihnen will ich mit meinen Bildern eine Freude bereiten und einen Teil der Eindrücke vermitteln, die ich empfand, als ich den oft überraschenden Baumschönheiten gegenüberstand. Sämtliche Baumporträts habe ich auf zahlreichen Reisen und Fotoexpeditionen selbst aufgenommen.

Die Ordnung der Titel erfolgt nach der botanischen Systematik: Die „Welt der Bäume" beginnt mit den Baumfarnen, es folgen die Nacktsamer, anschließend die zweikeimblättrigen Bedecktsamer, den Schluss bilden die einkeimblättrigen Bedecktsamer. Manchmal zeige ich die größten Exemplare einer Art; der Superlativ der Bäume ist jedoch nicht die Grundlage dieses Buches, vielmehr soll die Schönheit und die unglaubliche Vielfalt im Vordergrund stehen. Botanische Zusammenhänge, geobotanische Aspekte und ökologische Besonderheiten werden im Text erläutert und sollen der Vertiefung sowie dem Verständnis der Welt der Bäume dienen.
Am Ende des Buches werden die familiären Beziehungen zwischen den Bäumen aufgezeigt.
In den folgenden Texten wurden überwiegend die offiziell gültigen deutschen Baumnamen verwendet. In manchen Fällen schien mir jedoch die jeweils landestypische Bezeichnung angemessener.

Unten | An sonnigen Tagen verzaubert ein wundervolles Spiel aus wechselnd hell- und dunkelgrünem Licht den Pfad unter den archaischen Wheki-Bäumen (*Dicksonia squarrosa*).

Rechts oben und unten | Der Mamaku (*Cyathea medullaris*) mit seiner riesigen Schopfkrone gehört zu den größten Baumfarnen der Erde.

Bä
Neuseelan

Dicksonia squarrosa
Cyathea medullaris

Familie Dicksoniengewächse (*Dicksoniaceae*)
Cyatheagewächse (*Cyatheaceae*)

Wheki und Mamaku

Baumfarne sind echte Urpflanzen, ihre Entwicklungsgeschichte reicht bis ins Erdaltertum zurück. Heute sind zahlreiche Baumfarnarten in den tropischen und subtropischen Bereichen der Erde zu finden. In der südlichen Hemisphäre reicht das Verbreitungsareal dieser archaischen Pflanzen bis in die gemäßigten Zonen Neuseelands und Tasmaniens.

Systematisch gehören die Baumfarne zur Abteilung der Farne im Pflanzenreich. Wie die Bäume der Abteilung Samenpflanzen bilden auch sie Stämme mit Leitbündeln. Die Baumfarne besitzen keine echte Rinde. Stattdessen bleiben bei einigen Arten die Blattstiele der abgestorbenen Blätter am Stamm haften, andere bilden aus Luftwurzeln, die dicht gedrängt am Stamm herab verlaufen, einen dichten Wurzelmantel. Anstelle einer Krone aus Zweigen und Ästen bilden Baumfarne eine Schopfkrone aus großen Blattwedeln. In Neuseeland sind zehn Baumfarnarten verbreitet, acht davon sind endemisch, das heißt sie kommen ausschließlich hier vor.

Der anmutige Wheki (*Dicksonia squarrosa*, Neuseeländischer Taschenfarn) ist ein mittelhoher Farnbaum mit einem schlanken Stamm. Die mächtigen, steifen Blattwedel breiten sich mehr oder weniger horizontal aus. Sie können bis zu 1,5 m lang und bis zu 75 cm breit werden. Die Blattstiele sind auffallend dicht und lang behaart. Abgestorbene, vertrocknete Blattwedel bleiben längere Zeit am Stamm hängen. Nachdem die Blattstiele abgebrochen sind, verbleibt die Stielbasis am Stamm und übernimmt die Schutzfunktion anstelle einer Rinde. Der Wheki ist in

Neuseeland auf der Nord-, Süd- und Stewartinsel sowie auf den Chatham-Inseln von den Küsten bis zu einer Höhe von 760 m zu finden. Er kommt meist in Gruppen vor und bildet mitunter kleine Waldbestände.

Der Mamaku (*Cyathea medullaris*) kann eine Höhe von 20 m erreichen. Er gehört zu den höchsten Baumfarnen der Erde. Dem schlanken Stamm entspringt eine großartige Schopfkrone aus 20 bis 30 riesigen Blattwedeln. Diese Blätter können bis zu 6 m lang und 2 m breit werden. Der Stamm ist dunkel, daher wird der Baum auch Schwarzer Baumfarn oder Schwarzer Becherfarn genannt. Die abgestorbenen Blattwedel fallen vollständig ab. Die Blattstiele hinterlassen am Stamm sechseckige Narben, die ein auffälliges Wabenmuster ergeben. Bei älteren Exemplaren werden die Stammfüße durch seitlich entspringende Adventivwurzeln statisch verstärkt.

Der Mamaku ist Bestandteil der typischen Urwaldvegetation aller neuseeländischen Inseln von Meereshöhe bis zu einer Höhenlage von etwa 600 m.

Unten | Der älteste Ginkgo in Europa im botanischen Garten der Universität von Utrecht ist zu einem wunderschönen Baum herangewachsen, sein Stamm misst einen Umfang von 4,2 m.

Rechts oben | Im Jahr 1754 kam das erste Saatgut nach England und ein kleiner Sämling wurde 1762 durch einen Gönner den Royal Botanic Gardens in Kew bei London gespendet.
(Reproduced with the kind permission of The Board of Trustees, Royal Botanic Gardens, Kew.)

Rechts unten | Den dicksten Stamm aller Ginkgos außerhalb Asiens zeigt das Exemplar nahe der Kirche von St. Peter und Paul von Geetbets in Belgien mit einem Umfang von 5,1 m.

Die ältester

Ginkgo

Kaum eine andere Baumart hat Systematiker, Paläontologen und Botaniker so umfangreich beschäftigt wie der seltsame Ginkgo. Systematisch wird der Baum als einziger Vertreter der Klasse *Ginkgoopsida* zur Unterabteilung der Nacktsamer gerechnet. Die Paläontologen kennen ihn und die einst auf der Erde vorkommenden nahe verwandten Arten anhand zahlreicher Fossilfunde. Ginkgoarten waren im Erdmittelalter (Mesozoikum) auf dem gesamten Nordkontinent Laurasia, der die Landmassen Nordamerikas, Europas und Nordasiens umfasste, weit verbreitet. Noch im Tertiär, vor etwa 30 Millionen Jahren, war er auf diesen Kontinenten verbreitet. Durch die zunehmende Ausbreitung der Blütenpflanzen und aufgrund klimatischer Veränderungen verschwand er aus seinem ehemaligen Verbreitungsgebiet. In China befanden sich die letzten Restbestände des Baumes, es gibt jedoch keine gesicherten Erkenntnisse darüber, ob es sich um natürliche Vorkommen oder um von Menschen kultivierte Bäume handelte.

In der Blütezeit des Buddhismus vor etwa 1000 Jahren wurde der Baum in vielen Tempelbezirken gepflanzt und auf die Koreanische Halbinsel sowie nach Japan exportiert. In Japan entdeckte ihn der deutsche Arzt und Botaniker Engelbert Kaempfer im Jahr 1690 als erster Europäer, er war im Auftrag der niederländischen Ost-Indien-Company als Pflanzensammler tätig. In seiner Schrift „Amoenitatum exoticarum“ beschrieb er 1712 die Art ausführlich. Kaempfer leitete den Namen des Baumes aus der japanischen Bezeichnung für seine silbrige Frucht, aus den Worten gin (Silber) und kyo (Frucht), ab. Bei einer späteren Übertragung hat sich jedoch ein Fehler eingeschlichen, aus dem y wurde ein g, so kam der Baum zu seinem Namen „Ginkgo“. Die Kunde von dem eigenartigen Baum aus dem Fernen Osten verbreitete sich schnell und bald folgten die ersten Samenlieferungen nach Europa. Der erste Ginkgo außerhalb Asiens soll etwa im Jahr 1730 im botanischen Garten der Universität Utrecht in den Niederlanden gepflanzt worden sein.

Inzwischen erfreut sich *Ginkgo biloba* in vielen Ländern großer Beliebtheit, er wird gerne in Parks und entlang von Straßen gepflanzt. Der Ginkgo scheint unverwüstlich zu sein, sogar die Abgase vieler Autos und Industrieanlagen in Großstädten wirken sich offensichtlich nicht negativ auf ihn aus.

Unten | Der alte Ginkgo im Orto botanico, dem botanischen Garten der Universität von Padua – ihn bewunderte schon Goethe.

Rechts oben | Ein typisches zweilappiges, tief gekerbtes Langtriebblatt im sommergrünen Zustand.

Rechts unten | Nur leicht gekerbt, manchmal ganzrandig sind die Kurztriebblätter. Im Herbst zeigen sie sich in prächtigem Goldgelb.

Ginkgo

Ginkgo

Der botanische Garten von Padua in Italien, gegründet im Jahr 1545, ist der älteste botanische Garten in Europa. Im Jahr 1750 wurde in diesem Garten ein kleiner Ginkgosämling gepflanzt. Als der Dichter und Naturwissenschaftler Johann Wolfgang von Goethe auf seiner Italienreise am 27. September 1786 Padua erreichte, war er von der Fülle der fremden Vegetation tief beeindruckt. Der Gingko dürfte bereits zu dieser Zeit zu einem stattlichen Baum von 10 bis 12 m Höhe und etwa 80 bis 100 cm Stammumfang herangewachsen gewesen sein. Etwa 30 Jahre später arbeitet Goethe an seinem Werk „West-östlicher Divan“. Mittlerweile gelangten immer mehr Ginkgosamen aus dem fernen Osten auch nach Deutschland und Goethe hatte Gelegenheit junge Bäume auch in Frankfurt und Heidelberg zu sehen. Im Spätsommer 1815 entstand das „Buch Suleika“ mit jenem Gedicht, das den Ginkgo endgültig berühmt gemacht hat:

Dieses Baums Blatt, der von Osten
Meinem Garten anvertraut,
Gibt geheimen Sinn zu kosten,
Wie`s den Wissenden erbaut.
Ist es ein lebendig Wesen,
Das sich in sich selbst getrennt?
Sind es zwei, die sich erlesen,
Daß man sie als eines kennt?
Solche Frage zu erwidern,
Fand ich wohl den rechten Sinn;
Fühlst du nicht an meinen Liedern,
Daß ich eins und doppelt bin?

Wie das Gedicht lebt auch der Ginkgo in Padua noch. Ein mächtiger Baum ist er geworden, sein Stamm hat

in Brusthöhe 3,8 m Umfang. Ein riesiger Hauptast ist vor Jahren aus der Krone gebrochen. Er ist ein männlicher Baum, mit einer Besonderheit jedoch: Gärtner haben ihm einen weiblichen Ast aufgepfropft, der heute stets reichlich Früchte trägt. Der Ginkgo ist zweihäusig, es gibt männliche und weibliche Individuen. Die männlichen Bäume bilden kätzchenartige Pollenspender. An den weiblichen Bäumen erscheinen die orange-gelben, silbrig bereiften Früchte, die übel riechen, optisch jedoch an Mirabellen erinnern. Der Ginkgo bildet Kurz- und Langtriebe. Während die Blätter der Langtriebe einen sehr unregelmäßigen, meist tief eingekerbten, gespaltenen Oberrand zeigen, sind die Blätter der Kurztriebe nahezu ganzrandig und nur leicht gekerbt. Die Artbezeichnung *biloba* stammt von der zweilappigen Erscheinungsform der Langtriebblätter.

Unten | Junge Norfolktannen (*Araucaria heterophylla*).

Rechts oben | Ausgewachsene Bunya-Bunyas (*Araucaria bidwillii*).

Rechts unten | Der Stamm der 1836 am Waitangi House in Neuseeland gepflanzten Norfolktanne (*Araucaria heterophylla*) hat einen Umfang von 7,5 m, gemessen in Brusthöhe.

Die Gesandter

Verschiedene Vertreter der Gattungen

Der riesige Urkontinent Gondwanaland umfasste einst große Teile der südlichen Hemisphäre. Er beinhaltete die Landmassen der Antarktis, Australiens, Afrikas, Südamerikas, Indiens und Südostasiens, die Inseln Neuseelands, Indonesiens, der Philippinen sowie die zahlreichen Südseeinseln. Bereits bevor der Südkontinent im Mesozoikum, vor etwa 170 Millionen Jahren, begann, nach und nach in verschiedene Kontinente und Inseln auseinander zu brechen, war er von den riesigen Urahnen der Araukarien besiedelt. Ihre heutigen Nachfahren gehören zu den ältesten Vertretern der Nacktsamer (*Gymnospermae*). Durch das Auseinanderdriften der Kontinente und Inseln begann für die „Gesandten des Gondwanalandes" jeweils eine eigenständige Evolutionsgeschichte. An den verschiedenen Standorten und unter den unterschiedlichen, sich langsam verändernden Bedingungen entwickelten sie sich zu verschiedenen Arten.

Die Familie der Araukarien wird in zwei Gattungen unterteilt. Die wichtigsten Vertreter der Gattung *Agathis* sind die in Neuseeland heimische Kaurifichte (*Agathis australis*), die australische Queensland-Kaurifichte (*Agathis robusta*) und die Harzige Kaurifichte (*Agathis philippinensis*, früher *Agathis dammara, Dammartanne*) auf den Philippinen und Teilen Indonesiens. Die Gattung *Araucaria* ist mit etwa 20 Arten zahlreicher vertreten und weiter verbreitet. Zu ihr gehören in Brasilien der Kandelaberbaum (*Araucaria angustifolia*, Kandelaber-Araukarie), in Chile die Chiletanne (*Araucaria araucana*, Andentanne) und im australischen Queensland der Bunya-Bunya (*Araucaria bidwillii*) sowie die Neuguinea-Araukarie (*Araucaria cunninghamii*).

Besonders bemerkenswert ist die von der australischen Norfolk-Insel stammende Norfolk Island Pine (*Araucaria heterophylla*), auch Norfolktanne oder Zimmertanne genannt. Sie hat sich in den vergangenen 100 Jahren zum berühmten Exportgut der kleinen, kaum bekannten Insel entwickelt. In den klimatisch günstigen Regionen aller Kontinente wird der seltsame Baum gerne in Gärten und Grünanlagen gepflanzt. In nicht frostfreien Gebieten hat sich *Araucaria heterophylla* als beliebte Zimmerpflanze in den Wohnzimmern der Pflanzenliebhaber etabliert. Die Artbezeichnung *heterophylla* ist ein Hinweis auf die verschiedenen Blattformen. Die Blätter des jungen Baumes sind weich und bis 1,5 cm lang, am alten Baum und an fruchtenden Ästen sind sie kürzer, hart und spitz. Der in jeder Lebensphase ungewöhnlich erscheinende Baum kann eine beachtliche Höhe von bis zu 70 m erreichen.

Unten | Die Monkey Puzzle Avenue von Bicton.

Rechts oben | Die schuppenförmigen Blätter des Baumes.

Rechts unten | Der Stamm der Chiletanne.

Die Monkey Puzzle

Chiletanne

Im Südwesten Englands nahe der Stadt Exeter ist eine eigenartige Allee zu bestaunen. Hinter einem imposanten Tor bilden mächtige, bis zu 30 m hohe Chiletannen (*Araucaria araucana*, Chilenische Araukarie, Andentanne) eine breite Allee und säumen die Zufahrt zum Bicton Agricultural College. Frühere Besitzer des Herrenhauses pflanzten Araukarien-Sämlinge entlang der Auffahrt zum Anwesen.
Den Samen dafür hatte wohl William Lobb 1844 von seiner Chile-Expedition in größeren Mengen mit gebracht. Heute beginnen die Bäume zu vergreisen. Sie haben ihre unteren Zweige verloren, die horizontal angeordneten oberen Äste bilden die typische schirmartige Krone. Die mächtigen, unten verdickten Stämme erinnern an Elefantenfüße. Ein seltsames Bild, und die zahlreichen in den Kronen lebenden Dohlen verstärken mit ihrem Geschrei die eigenartige Stimmung. In den vergangenen Jahrzehnten wurden viele junge Bäume zwischen die alten Alleebäume gepflanzt.
Im Jugendstadium wächst der immergrüne Baum kegelförmig. Markant sind seine spitzen, schuppenförmigen Blätter an denen sich der unvorsichtige Botaniker leicht verletzen kann. Diese Schuppen sind spiralig um den Zweig angeordnet und bewehren im Jugendstadium auch den Stamm. Wohl von diesen gefährlichen Schuppenblättern stammt der seltsame englische Name „Monkey Puzzle" für diesen Baum. Der englische Pflanzensammler Menzies, mit an Bord der Discovery, soll 1795 in Chile Nüsse der Araukarie erhalten haben. Er pflanzte sie ein und 30 Jahre später, als sich kleine Bäume daraus entwickelt hatten, soll ein Betrachter staunend zum Ausdruck gebracht haben: „Climbing this tree would puzzle a monkey". Der botanische Name des aus Chile stammenden Baumes wurde von den Ureinwohnern der Region Araucania abgeleitet. Zwischen dem 38. und 42. Breitengrad entlang der Westflanken der Anden bildet die Araukarie alleine oder gemeinsam mit anderen Baumarten dichte Bestände und kann eine Höhe von bis zu 60 m erreichen. In Chile steht sie heute unter Naturschutz. Insbesondere in den Nationalparks Villarrica und Conguillio haben die Araukarienwälder den Raubbau der Holzindustrie überlebt.

Unten | Te Matua Ngahere.

Rechts | Blätter und Zapfen der Kaurifichte.

Neuse

Familie Araukariengewächse (*Araucariaceae*)

Kaurifichte

Die imposanten Kauris sind die einzigen ursprünglich in Neuseeland vorkommenden Vertreter der Araukariengewächse. Manche der Riesenbäume gehören zu den mächtigsten Baumwesen unserer Erde. Die größten noch existierenden Kauris sind im Waipoua Forest Park zu finden. Tane Mahuta, in der Mythologie der Maoris der „Gott des Waldes", ist mit einer Höhe von 51,2 m und einem Stammumfang von knapp 14 m der größte Kauri. Die Holzmasse seines mächtigen Stammes wird auf 245 m^3 berechnet. Der zweitgrößte Kauri ist Te Matua Ngahere, der „Vater des Waldes", sein Stamm von 16,5 m Umfang ist dicker als der des Tane Mahuta. Aufgrund der geringeren Höhe erreicht seine Holzmasse 208 m^3. Für uns ist Te Matua Ngahere ein Baum von vollkommener Schönheit, ein Riese in einem sanften, friedvollen Urwald. Sein Alter wird auf etwa 2000 Jahre geschätzt.
Eine junge Kaurifichte wächst zunächst als kegelförmiger Baum mit einer dichten Krone heran. Nach und nach wirft sie die unteren Äste ab.
Alte Kauris überragen mit ihren mächtigen, offenen Kronen, die von zahlreichen Epiphyten besiedelt sind, das Urwalddach. Ursprünglich waren die Kauris in den Wäldern auf der Nordinsel Neuseelands nördlich von Auckland bis zum Hokianga Harbour und auf der Halbinsel Coromandel verbreitet.
Das enorm haltbare, leicht zu bearbeitende, astfreie Holz der Bäume war zum Schiffsbau und als Bauholz sehr begehrt. Das Harz der Bäume war ein wichtiger Rohstoff für die Lack- und Farbenproduktion.
Die Ausbeutung und Abholzung der Bestände begann etwa in der Mitte des 19. Jahrhunderts. Bis weit ins 20. Jahrhundert gehörte der Kauri zu den wichtigsten Exportprodukten Neuseelands. Von den einst weit mehr als 1 Million Hektar Kauriwäldern sind heute nur noch etwa 150 Hektar Primärwald vorhanden.
Geo Australien berichtet, dass heute nur noch 0,03 % der ursprünglichen Kauriwälder vorhanden sind. Die kleinen Reste der Primärwälder sind streng geschützt und mit aufwändigen Wiederaufforstungsprogrammen entstehen flächig junge Kauriwälder. Der Direktor des Waipoua Forest, Tim Brandenburg, erläutert, wie es zur Rettung der Bäume in letzter Minute kam: „Waipoua Forest war sehr schwer zugänglich, es bestand keine Verbindung zum Meer, um die riesigen Baumstämme abtransportieren zu können. Als 1920 eine Straße durch den Wald gebaut werden sollte, um den Abtransport der Riesen zu ermöglichen, realisierten viele Neuseeländer, dass einer der letzten Kauriwälder ausgebeutet werden sollte. Es formierte sich eine Naturschutzbewegung, die entgegen der massiven Interessen der Holzfällunternehmen den Schutz des Waldes erreichte."

Unten links und rechts | An einem Steilhang bei Monterey direkt über dem Meer wächst der alte Veteran von Point Lobos.

Rechst oben | Etwa 42 m hoch ist eine 150 Jahre alte Monterey-Zypresse in Montacute in Südengland.

Der alte Vete

Monterey-Zypresse

Die Monterey-Zypresse stammt genauso wie die Monterey-Kiefer (*Pinus radiata*) aus einer Bucht bei Monterey an der kalifornischen Küste. Sie hat sich an die extremen Winde und die andauernde Salzgischt perfekt angepasst. Ihren Wurzeln gelingt es, sich in den schmalen Felsspalten ausreichend zu verankern und genügend Nährstoffe zu finden. Die Bäume werden unter diesen widrigen Bedingungen jedoch meist nicht höher als 10 m, verharren in einer geduckten Haltung, um sich den Winden nicht zu sehr auszusetzen. Südlich von Monterey, im Point Lobos State Reserve, über der steilen Küste der Cypress Cove, trotzt seit etwa 1000 Jahren eine Zypresse den extremen Stürmen und der salzigen Fracht des Dauerwindes. „Old Veteran of Point Lobos" wird diese älteste und mächtigste Monterey-Zypresse in der Bucht genannt. Ab etwa 1840 wurde die Baumart in Europa, vorwiegend in England, eingeführt. Sie ist in ihrer Jugendphase sehr frostempfindlich, gedeiht also nur im frostfreien, milden Klima. Viel besser als in der kalifornischen Heimat sind die Wachstumsbedingungen im mild-feuchten Süden Englands. Eine etwa 1850 gepflanzte Monterey-Zypresse im Park des Herrenhauses von Montacute ist heute unglaubliche 42 m hoch.
Für Botaniker und Gärtner war die extreme Widerstandskraft gegen salzige Winde ideal, doch die Frostempfindlichkeit ein Nachteil, so versuchte man

Kreuzungen mit der wesentlich frosthärteren Gattung *Chamaecyparis* (Scheinzypresse) durchzuführen.
In Großbritannien gelang die Züchtung einer Hybride aus *Cupressus macrocarpa* und *Chamaecyparis nootkatensis*, die Gattungshybride x *Cupressocyparis leylandii*.
Die Leylandzypresse ist eine rasch wachsende und widerstandsfähige Kulturpflanze. Sie ist in Großbritannien die am häufigsten gepflanzte Konifere, viele Weiden und Gärten sind von hohen Leylandzypressen-Hecken umsäumt.

Unten | Zypressensilhouetten vor dem goldenen Licht der Morgensonne am Gardasee in Italien.

Rechts oben | Die Säulen des griechischen Hierapolis und die Säulen der Natur in der heutigen Türkei.

Rechts unten | Zypressenhain in einer toskanischen Landschaft.

Die

Familie Zypressengewächse (*Cupressaceae*)

Säulenzypresse, Echte Zypresse

Die ursprüngliche Heimat der Säulenzypresse ist das östliche Mittelmeergebiet von Griechenland bis Vorderasien. Schon im Altertum wurde sie nach Italien gebracht und seither in vielen Regionen der Mittelmeerländer angepflanzt. Der immergrüne, bis 30 m hoch werdende Baum trägt kleine, schuppenförmige Blätter. Aus den einhäusigen Blüten entstehen kugelige, nussgroße und im zweiten Jahr verholzende Zapfen. Seine Zweige wachsen dicht und streng aufrecht, dadurch entsteht die schmale Pyramiden- oder Säulenform.

Häufig werden die schmucken Bäume entlang von Auffahrten zu vornehmen Landsitzen und Schlössern als Alleen gepflanzt, denn schon aus großer Entfernung macht die gleichförmige, hoch aufragende Silhouette des Baumes auf sich aufmerksam.

Ihr vornehmes, dunkles Gewand, die immerwährende, grüne Erscheinung und ihr langes Leben machte die Säulenzypresse im mediterranen Raum zum Symbol der Trauer und der Ewigkeit. Noch heute wird sie auf Friedhöfen angepflanzt. Den zahlreichen Besuchern und Reisenden wurden die südlichen Landschaften mit ihren markanten Zypressen jedoch zum Inbegriff für Sommer, Sonne und Urlaub.

Den Kulturen der Antike mag der Baum mit seiner schlanken, exakten Säulenform immer wieder Inspiration zur Errichtung monumentaler Säulen gewesen sein. Das wertvolle Holz der Zypresse war besonders wegen seiner Dauerhaftigkeit begehrt. Götterstatuen, Tempeltüren und Sarkophage wurden daraus gefertigt. Es diente zum Schiffsbau, zur Errichtung von Dachstühlen und zur Herstellung von vielen Gebrauchsgegenständen. Heute bedroht eine rätselhafte Krankheit die Säulenzypressen, ihre Wipfel werden dürr und die Bäume sterben langsam von oben nach unten ab.

Bilder | Säulenzypressen (*Cupressus sempervirens*) in ihrer Heimat am Peloponnes.

Der Syr

olbaum Arkadiens

Cupressus sempervirens

Familie | Zypressengewächse (*Cupressaceae*)

Säulenzypresse, Echte Zypresse

In Anlehnung an den griechischen Dichter Theokrit beschrieb Vergil in seiner Hirtendichtung Arkadien als paradiesisches Land, in dem die Menschen in Einklang mit den Göttern und der Natur lebten. Völlig unabhängig von der Landschaft im Innern des Peloponnes wurde Arkadien seither in der Literatur zum Inbegriff glückseligen, idyllischen Landlebens. Wer heute durch den Peloponnes reist, hat es leicht, sein Bild von einer idealen Landschaft mit der gebirgigen Gegend Arkadiens in Verbindung zu bringen. Sanfte Bergketten, bewaldete Hügel mit variantenreichem Grün, satte Weiden und die aufrecht in den Himmel ragenden, schlanken Zypressen – dies mag die Heimat antiker Götter gewesen sein.

Kein Wunder, dass sich Adelige und Gartenarchitekten in diese Landschaft restlos verliebten und nach ihrer Rückkunft von der Grand Tour durch die Länder der Antike versuchten, in ihrer nasskalten, nordischen Heimat ein Stück arkadischen Gartens zu schaffen. Jener Götterhain Arkadien war gewiss auch eine wesentliche Quelle der Inspiration für die seit etwa 1730 entstandenen englischen Landschaftsgärten. Ein absolut wesentliches Gestaltungselement fehlte jedoch nördlich der Alpen: die immergrüne Säulenzypresse. Viel zu frostempfindlich ist dieser aparte, absolut gerade wachsende Säulenbaum. Entsprechend heftig war die Suche nach einem ebenbürtigen Ersatz für dieses landschaftsprägende Element. Pyramidenpappel, Säuleneiche, Serbische Fichte und zahlreiche säulenförmige Koniferenzüchtungen mussten zum Platzhalter der arkadischen Schönheit werden.

Die Malerkief

Huangshan-Kiefer

Von den Bergen Chinas wird der so genannte Gelbe Berg, das Massiv des Huang Shan, besonders gerühmt. Nach der Legende hat der chinesische Urahn, der „Gelbe Kaiser" in diesen Bergen aus Kräutern die Pille der Unsterblichkeit gedreht. Die 72 Gipfel des Granitmassivs ragen in der südlichen Provinz Anhui bis zu 1860 m in den Himmel. Einzigartig ist die Schönheit der häufig von Nebeln umwobenen, mit steilen Felsnadeln gezierten Gipfelregionen. Bereits vor 1200 Jahren war das Huang-Shan-Gebirge ein mit zahlreichen Wegen und Treppen gut ausgebautes und sehr beliebtes Wandergebiet. Malerisch umschreibt die chinesische Sprache die verschiedenen Gipfel. Sie werden Purpurwolken-Gipfel, Lotosblüten-Gipfel, Neun-Drachen-Gipfel, Gipfel des strahlenden Lichts und Gipfel der Himmlischen Hauptstadt genannt. Spätestens am „Gipfel der Überzeugung" wird der Betrachter von der Schönheit dieser Berge überwältigt sein. Soviel Schönheit hat stets auch Maler und Poeten angezogen und inspiriert. Die Gipfelwelt des Huang Shan war häufig Vorlage für Seiden- und Porzellanmalerei.
Gekrönt wird die besondere ästhetische Erscheinung dieser Berge von den malerischen Huangshan-Kiefern (*Pinus hwangshanensis*). Sie zieren die Silhouetten der Bergkämme und wachsen aus kaum sichtbaren Felsspalten über den steilen Abgründen empor.
Im Frühjahr stehen die Kiefern in einem Blütenmeer von Rhododendron und Azaleen. Besonders bezaubernd sind die frühen Morgenstunden in den Bergen, man ist aber nicht allein – mit Beifall und klatschenden Händen begrüßen zahlreiche Chinesen die aufgehende Sonne.

Unten | Die Monterey-Kiefern in ihrer Kalifornischen Heimat.

Rechts oben | Eine Windschutzpflanzung vor dem Mount Egmont in Neuseeland.

Rechts unten | Monterey-Kiefern im Geothermalgebiet von Waimangu in Neuseeland. Durch Selbstaussaat verdrängen die fremden Kiefern die sensiblen heimischen Gehölze.

Der Weltenbun

Monterey-Kiefer

Der Naturstandort der Monterey-Kiefer (*Pinus radiata*) ist eine kleine Bucht mit einer anschließenden Halbinsel nahe der kalifornischen Küstenstadt Monterey. Weitere natürliche Vorkommen beschränken sich auf kleine Bestände entlang der Küste etwa 100 km südlich und nördlich von Monterey und auf zwei mexikanische Inseln.

Die Nähe des Pazifischen Ozeans prägt den Lebensraum des Baumes. Der kühle Kalifornienstrom sorgt für relativ niedrige Sommertemperaturen mit fast täglichem Nebel; Fröste im Winter sind selten.

Die Winde und Nebel transportieren immer auch Salz in die Küstenbereiche. Der Baum ist aber gegen die Salzfracht resistent.

Am Naturstandort kann die Monterey-Kiefer eine Höhe von etwa 20 m erreichen und etwa 80 bis 90 Jahre alt werden. Die großen Zapfen, die bis zu 30 Jahre am Baum haften können und in Quirlen von je 3 bis 5 Zapfen um den Zweig angeordnet sind, geben den Samen erst nach extremen Hitzeperioden oder nach der Einwirkung eines Buschfeuers frei.

Im Jahr 1831 fand der bekannte Pflanzenjäger David Douglas die Kiefer bei Monterey. Zwanzig Jahre später sammelte William Lobb große Samenmengen und brachte sie mit nach Europa. Seit dieser Zeit erlebte der Baum einen wahren Boom. In frostfreien Gebieten wird er häufig als Windschutz in Küstenzonen gepflanzt. Bedingt durch sein schnelles Wachstum, seinen langen geraden Stamm und den großen Massenertrag an Holz wurde er zum Hauptbaum der Forstplantagen in Australien, Neuseeland, Südafrika, Kenia, Argentinien, Chile, Uruguay und Spanien.

Die Baumplantagen der Monterey-Kiefer bedecken in Neuseeland große Flächen. Dort wird die Plantagenwirtschaft als Strategie gegen den weltweiten Druck auf die natürlichen Wälder angesehen.

Das Klima scheint für den Baum ideal zu sein, er wächst unglaublich schnell, in 25 Jahren kann er 60 cm Durchmesser erreichen. Neben der Verarbeitung im eigenen Land werden große Mengen Holz nach Australien, Japan und in die USA exportiert.

In den Labors der Forstwirtschaft werden die Gene der Bäume fortdauernd „verbessert". In vielen Plantagen sind nur gleichgroße und optisch identische Bäume zu finden, die in Reih und Glied gepflanzt sind. Ein großes Schild „Don't disturb – trees growing" mahnt zur Umsicht und ist zugleich Anlass zum Nachdenken. Kilometerweite Monokulturen, Genmanipulation,

Einsatz von Düngemitteln, Herbiziden und Insektiziden sowie Bodenerosion nach dem Kahlschlag sind der Preis für diese Massenproduktion. Man fragt sich, ob die Methoden nachhaltiger und ökologisch verträglicher Forstwirtschaft als Strategie gegen die Vernichtung natürlicher Wälder nicht wesentlich zukunftsorientierter sind.

Unten | Junge Kanarische Kiefer (*Pinus canariensis*) mit Blick zur Cumbrecita.

Rechts oben | Auf den frischen, schwarzen Vulkanböden der Cumbre Vieja im Süden der Insel La Palma sind nur wenige pflanzenverfügbare Nährstoffe vorhanden, deshalb färben sich die sonst sattgrünen Bäume manchmal leicht gelb und bieten einen besonderen Kontrast zum dunklen Untergrund.

Rechts unten | Kiefernwald am Rande der Caldera de Taburiente mit Passatwolken.

Die K

Kanarische Kiefer

Die Kanarische Kiefer (*Pinus canariensis*) kommt auf den westlichen Inseln der Kanaren vor. Sie ist auf La Palma, El Hierro, Teneriffa, Gran Canaria und in kleinen Restbeständen auf La Gomera zu finden. Auf der Insel La Palma macht der Kiefernwald „El Pinar" etwa drei Viertel der Waldfläche der Insel aus.
Die bis zu 30 m hohen Kiefern bilden einen lichten, hellen Wald. Die langen Nadeln, die zu dritt angeordnet sind, bewegen sich sanft im Wind und glänzen in der Sonne.
In der Kiefernwaldzone, in einer Höhe von 1000 bis 2000 m über dem Meer, ist die Kanarische Kiefer meist die einzige Baumart. Diese Waldzone ist für den Wasserhaushalt der Inseln sehr bedeutend. Die bis zu 30 cm langen Nadeln kämmen die feinen Tropfen der täglich von Norden herankommenden Passatnebel regelrecht aus. So gelangt ein erheblicher Teil des Nebels als Niederschlag zu Boden. Die Kanarische Kiefer kommt auch außerhalb der reinen Kiefernwaldzone in niedrigeren Lagen vor, insbesondere im südlichen Teil der Insel. Sie stellt keine hohen Ansprüche an den Standort und kann junge vulkanische Böden als erster Baum besiedeln.

Unten | Drei mächtige alte Lärchen stehen in der Nähe von St. Gertraud im Ultental in Südtirol auf einer Höhe von 1430 m. Einst standen dort 11 uralte Lärchen, die nach und nach zerbrachen. An einer 1930 umgestürzten Lärche wurden über 2000 Jahrringe gezählt. Der Stammumfang des dicksten Baumes beträgt in Brusthöhe 8,5 m.

Rechts oben | Mächtige Lärchen am Panzir in Tschechien, dicht bedeckt vom feinen Schnee der vergangenen Nacht.

Rechts unten | Lärchenwald an der Baumgrenze in den Alpen. Im Spätherbst, kurz bevor die Nadeln abfallen, verfärben sie sich für einige Tage goldgelb, dann zeigt sich die Lärche im dekorativsten Gewand.

Die l

Europäische Lärche

Der zirkumpolare, boreale Waldgürtel der nördlichen Hemisphäre besteht in weiten Teilen aus verschiedenen Lärchenarten. Verglichen mit den weiträumigen Verbreitungsgebieten der Amerikanischen Lärche (*Larix laricina*) und der beiden sibirischen Lärchenarten (*Larix russica* und *Larix gmelinii*) kommt die Europäische Lärche nur in kleinen begrenzten Gebieten vor. Das natürliche Vorkommen wird in vier Teilareale unterteilt. Das größte Verbreitungsgebiet befindet sich in den Alpen. In der Steiermark, in Kärnten, in Tirol und von Berchtesgaden bis in die Schweiz ist sie zu finden. Die „Alpenlärche" besiedelt Höhenlagen von 400 m bis hinauf zur Baumgrenze bei 2300 m. Von den Bergregionen des Riesengebirges bis zum Altvatergebirge und dem Mährischen Gesenke ist die „Sudetenlärche" beheimatet. Auf die Gebirgsregion der Hohen Tatra ist das kleine Inselvorkommen der „Tatralärche" beschränkt. Der Naturstandort der „Polenlärche" sind die großflächigen Niederungen im Bereich von Oder und Weichsel. Die verschiedenen Typen der Europäischen Lärche unterscheiden sich botanisch nicht wesentlich und durch die schon seit Jahrhunderten intensive waldbauliche Verbreitung kam es zur genetischen Vermischung der einst isolierten Lärchenbestände. Die Europäische Lärche ist heute durch den forstlichen Anbau in ganz Mitteleuropa, Skandinavien und Schottland zu finden. Die aus Japan eingeführte *Larix kaempferi* wird insbesondere in den Küstenregionen Mittel- und Westeuropas forstlich kultiviert.

Unten | Vom Forest Tower ist der Blick in das Dach des ursprünglichen Podocarpazeen-Waldes möglich. Die riesigen, uralten Rimus, Matais, Miros und Totaras überragen das dichte Urwalddach. Hier verschanzten sich 1978 Naturschützer in den Baumwipfeln und erzwangen die Aussetzung der Fällung der alten Baumriesen.

Rechts oben | Waldrand mit Rimu.

Rechts unten | Der riesige Pouakani Totara (*Podocarpus totara*) nahe Mangapehi ist der größte seiner Art. Sein Umfang in Brusthöhe beträgt 12 m, er ist 40 m hoch und sein Alter wird auf 1800 Jahre geschätzt.

Die Riesen

Verschiedene Podocarpazeen

Die Familie der Steineibengewächse (*Podocarpacea*) ist eine sehr alte Baumfamilie, die seit etwa 190 Millionen Jahren die südliche Hemisphäre der Erde besiedelt. Die artenreiche Koniferenfamilie ist in Neuseeland mit 8 Gattungen und 18 Arten vertreten. Vor der Ausbeutung der Bestände bedeckten flächige Podocarpazeen-Hartholz-Wälder das Tiefland und die mittleren Höhenlagen der zentralen Nordinsel und den westlichen Bereich der Südinsel.
Die letzten flächigen Podocarpazeen-Bestände befinden sich heute im 78 000 Hektar umfassenden Waldgebiet des Pureora Forest, westlich des Lake Taupo. Als vor etwa 1800 Jahren der riesige Taupo-Vulkan explodierte und der Calderasee Lake Taupo entstand, begruben Berge aus Asche und Bims die einst vorhandenen Urwälder um den Vulkan.
Die heutigen Waldbestände des Pureora Forest haben sich auf den vulkanischen Aufschüttungen entwickelt. Die Vegetation entspricht weitgehend der Waldform, die bereits vor 60 Millionen Jahren vorhanden war.
Als die Holzfällunternehmen Ende der 70er Jahre des 20. Jahrhunderts daran gingen, diese letzten flächigen Podocarpazeen-Hartholz-Wälder zu roden, formierte sich eine Protestbewegung in der neuseeländischen Bevölkerung. Im Jahr 1978 besetzten die Waldschützer auf Plattformen die Baumwipfel. Der massive Protest erzwang schließlich einen von der Regierung verfügten Aufschub der Holzfällungen und führte zur späteren Ausweisung der Schutzzonen im Pureora Forest Park. Außerhalb der Schutzzonen werden weiter Bäume gefällt und Plantagen mit kalifornischen Kiefern und australischen Eukalyptus-Arten aufgeforstet.
Für Naturfreunde ist der Besuch des Urwaldgebietes entlang des „Totara Walk“ besonders eindrucksvoll und informativ. Bemerkenswert ist der Temperaturwechsel sobald wir den Wald betreten. Im dichten Regenwald ist aufgrund der hohen Luftfeuchtigkeit eine nahezu konstante Temperatur vorhanden. An kühlen Tagen empfängt uns im dichten Wald eine milde Wärme und an warmen Tagen umgibt uns eine feuchte Kühle. Wir begegnen riesigen Podocarpazeen: Totara (*Podocarpus totara*), Miro (*Prumnopitys ferruginea*), Matai (*Prumnopitys taxifolia*), Kahikatea (*Dacrycarpus dacrydioides*) und Rimu (*Dacrydium cupressinum*) umgeben von zahlreichen Hartholz-Laubbäumen und riesigen Baumfarnen.

Kahikateasump

Kahikatea

Die höchste Baumart Neuseelands ist die mächtige Kahikatea, einzelne Exemplare können eine Höhe von 60 m erreichen. Die aus nur einer Art bestehende Gattung ist ausschließlich in Neuseeland beheimatet. Der anmutige Baum war einst die dominante Baumart der sumpfigen Wälder im Tiefland bis zu einer Höhenlage von 500 m. Doch ihre langen, massiven Stämme machten sie, wie andere Podocarpazeen, zu wichtigen Holzlieferanten. Von den Holzfäll-unternehmen wurden die Bestände intensiv ausgebeutet und in viele überseeische Länder exportiert. Manchmal sind solitäre Einzelbäume oder kleine Gruppen Kahikateas unverhofft inmitten von Weideflächen zu finden. Wegen ihres nassen Standraumes, ihrer enormen Höhe und des hohen Astansatzes sind sie der Brandrodung durch die weißen Farmer entgangen. Heute sind natürliche Reinbestände von Kahikatea nur noch selten zu finden. In der Nähe des Lake Taupo befindet sich das Sumpfgebiet Waihora Lagoon. Nach einer längeren Wanderung durch dichte Wälder und Rodungsflächen erreicht man die stille, urtümliche Sumpflandschaft. Es regnet oft lange und viel, Baumfarne, Bäume, Büsche und die artenreiche Bodenvegetation sind dann triefend nass. Der dichte Moosbehang und die zahlreichen Farne auf den Stämmen der Bäume zeugen vom dauernassen Zustand dieser Vegetationsgemeinschaft. Manche der breiten Stammfüße der hohen Bäume sind mit brettartigen Wurzelanläufen statisch verstärkt. Nach starken Regenfällen stehen die riesigen Kahikateas metertief im Wasser. Die Stille und die Einsamkeit lassen den Besucher für Momente die komplexe Bedrohung der friedvollsten Urwälder der Erde vergessen.

Louisianas

Sumpfzypressen

Taxodium distichum

Familie Sumpfzypressengewächse (*Taxodiaceae*)

Zweizeilige Sumpfzypresse

Die Sumpfzypressen der amerikanischen Südstaaten sind ein Relikt längst vergangener Zeiten: Während der Trias, vor 250 bis 200 Millionen Jahren, waren sie in vielen Arten über weite Teile der nördlichen Hemisphäre unserer Erde verbreitet. Die Sumpfzypressenwälder dieser Zeit haben einen großen Teil der heutigen Braunkohlevorkommen gebildet.
Die Sumpfzypressen gehören zu den laubabwerfenden Nadelbäumen. Sie zeigen sich in der nadellosen Vegetationsruhe von ihrer eindrucksvollsten Seite, ihre Stämme und die ausladenden Äste werden dann gut sichtbar. Eine Besonderheit ist die Tatsache, dass sie am ganzjährig überfluteten Standort überleben können. Um das Wurzelwerk mit Sauerstoff zu versorgen, bilden die Bäume bis zu 2 m hoch werdende, aus dem Wasser ragende, so genannte „Atemknie".
Die Sumpfzypressen benötigen den nassen Standort aber nicht zum Überleben. Sie können auch in ganzjährig wasserfreien Gebieten gedeihen. Viele Bäume zeigen einen mächtigen und stark verdickten Stammfuß, mit dessen Hilfe trotzen sie der Kraft der heftigen Hurrikane. Die Standfestigkeit der Bäume wird zudem durch das ausladende System der Atemknie erhöht.
Bevor im Frühling die Nadeln der Sumpfzypressen erscheinen, ist auf den Bäumen das Louisianamoos (*Tillandsia usneoides*, Greisenbart), hier in Louisiana „Spanisch Moos" genannt, am besten zu sehen.

Fast glaubt man sich an die eisbehangenen Wälder des nordischen Winters erinnert. Aber die milden Temperaturen und der wundervolle Gesang der vielen Vögel vertreiben die Gedanken an den winterlichen Norden. Das Louisianamoos schmarotzt nicht an den Bäumen, sondern benötigt die Äste nur zum Hängen, um von der hohen Luftfeuchtigkeit leben zu können.
Die Sumpfzypressen wurden während der Eiszeiten von Norden her in Richtung Golf von Mexiko an ihren heutigen Standort, die Südsaaten der USA, gedrängt. Entlang von Mississippi und Missouri ist die Baumart seither wieder bis zu 2000 km nach Norden vorgedrungen. Etwa seit Mitte des 17. Jahrhunderts werden die schmucken Bäume gerne in Parks in den USA, Asien und in Europa gepflanzt.

Unten links und rechts | Morgenstimmung am Lake Palourde in Louisiana.

Rechts oben | Die Silhouetten der größtenteils abgestorbenen, uralten Sumpfzypressen im großen See der Alligator Bayou bieten gemeinsam mit dem glühenden Rot des Abendhimmels eine phantastische Kulisse.

Ein Morger

am Lake Palourde

Taxodium distichum

Familie | Sumpfzypressengewächse (*Taxodiaceae*)

Zweizeilige Sumpfzypresse

Die Sumpfzypressen im Süden der USA verbreiten einen unglaublichen, fast mystischen Zauber auf uns Menschen. Wenn man am frühen Morgen mit dem Boot über die weiten Seen und Sümpfe des Atchafalaya-Beckens gleitet, wird man sich der archaischen Erscheinung dieser Bäume nicht entziehen können. Die an Flugsaurier erinnernden Kormorane, die ihre Flügel zum Trocknen ausbreiten und das im Wind wehende Louisianamoos verstärken den urzeitlichen Eindruck. Die „überlebenden Saurier“, die Alligatoren, tauchen angstvoll weg, und man glaubt sich in längst vergangene Erdzeitalter zurückversetzt.

Die ausgedehnte Sumpfzypressenlandschaft erstreckt sich vom Lake Palourde aus noch fast 70 km weiter nach Norden bis in die Randbereiche der Großstadt Baton Rouge, der Hauptstadt Louisianas. In den äußeren Stadtbezirken befindet sich ein etwa 5000 Hektar großes Naturschutzgebiet, der „Alligator Bayou“. Vor einigen Jahren sollte das Gebiet bebaut werden. Zwei junge Unternehmer wurden zu engagierten Naturschützern und schafften es, dieses noch weitgehend ursprüngliche Sumpfgebiet vor der drohenden Zerstörung zu retten. Heute zeigen Frank und Jim bei ihren Swamp-Touren nicht nur die Schönheit der Sümpfe, sondern veranschaulichen auch die Vielfältigkeit der Tier- und Pflanzenwelt.

Sie erläutern die ökologischen Zusammenhänge des komplexen Ökosystems und wecken durch ihre humorvolle Art die Begeisterung der Menschen für ihre Umwelt. In der Alligator Bayou sind sehr alte Sumpfzypressen zu bestaunen, ihr Alter dürfte 500 Jahre überschreiten. Starke Stürme haben die Wipfel der Bäume gebrochen, im Lauf der Jahre wurden die Stämme innen morsch und hohl. Diese Tatsache rettete die Bäume vor den Sägen der Holzfäller, denn ihr Holz war für eine Verwertung unbrauchbar geworden. Der Einsatz von Frank und Jim rettete die Bäume ein zweites Mal.

Der G

Zweizeilige Sumpfzypresse

Die heutigen Sumpfzypressenwälder, die weite Flächen der Südstaaten der USA bedecken, sind nicht mehr die einst vorhandenen Primärwälder mit ihren gigantischen Baumriesen. Es handelt sich vielmehr um Sekundärwälder, die nach der fast vollständigen Rodung in den letzten beiden Jahrhunderten wieder emporgewachsen sind. Ähnlich wie die Redwoods sind die Sumpfzypressen, insbesondere im vergangenen Jahrhundert, sehr wichtige Holzlieferanten gewesen. Es ist für den Besucher sehr beeindruckend, den wenigen überlebenden Riesen zu begegnen.
Im Norden Louisianas bildet der Mississippi eine mächtige Flussschleife, das Cat Island. Jährlich wird es von November bis April durch die Wassermassen des Flusses 3 bis 4 m hoch überflutet. Durch besondere Trockenheit blieb im Jahr unseres Besuchs die Flut aus und wir konnten dort, wo normalerweise zu dieser Zeit Krabbenfischer ihre Netze aushängen, trockenen Fußes die Baumriesen bestaunen.
Der eindrucksvollste Baum in diesem Gebiet ist der so genannte „Gigant von Cat Island". Mit einem geschätzten Alter zwischen 700 und 1300 Jahren und einem Stammumfang von 16,5 m ist er nicht nur die stärkste Sumpfzypresse der USA, sondern auch der mächtigste Baum östlich der Sierra Nevada. Aber nicht nur seine Ausmaße lassen staunen, vielmehr bringen die überraschende, ungeahnte Baumgestalt und die bizarre Schönheit den Betrachter in Verwunderung.
Er steht nicht allein, in seiner Nähe sind viele uralte Sumpfzypressen zu finden. Alle zeigen ihre keilförmigen, ungeheuer beeindruckenden Stammfüße und präsentieren wunderschöne, an Fabelfiguren erinnernde Atemknie.

Unten | Stamm eines Urweltmammutbaumes in Stourhead Gardens in England.

Rechts oben | Urwaldmammutbäume als Straßenbegleitgrün in der Provinz Zhejiang in China.

Rechts unten | Eine waldartige Pflanzung zahlreicher Urweltmammutbäume am Xi Hu-See in China.

Der Urw
der Me

Urweltmammutbaum

Der Urweltmammutbaum hat eine ungewöhnliche Verbreitungsgeschichte. Durch Fossilfunde eines japanischen Wissenschaftlers wurde die Baumart im Jahr 1941 bekannt, fast gleichzeitig entdeckten Botaniker einige überlebende Exemplare im Grenzgebiet der zentralchinesischen Provinzen Sichuan und Hubei. Durch die politischen und wirtschaftlichen Umstände im damaligen China dauerte es Jahre, bis ausreichende Samenmengen in die westlichen Länder gelangten. Dann ging alles sehr schnell, Botaniker und Gärtner bescherten dem Gehölz einen unglaublich raschen Siegeszug über die gemäßigten Zonen der ganzen Welt. Der Mensch wurde zum Vektor einer Baumart, zum Verbreiter von Samen und Stecklingen. So kehrte der Urweltmammutbaum in wenigen Jahren zurück in sein altes Verbreitungsgebiet, denn zu Beginn der Erdneuzeit, im Tertiär, war er bereits einmal in weiten Teilen der nördlichen Hemisphäre beheimatet. Heute ist der Baum in China ein wichtiger Wald- und Straßenbaum, Hunderttausende werden in Gärten gepflanzt. In Asien, Europa und Nordamerika fehlt er in fast keinem Park, auch in viele kleine Gärten hat er Einzug gehalten.

Der Wuchs des sommergrünen Baumes ist kegelförmig, seine Rinde rotbraun bis graubraun. Die weichen, hellgrünen Nadeln sind flach und nahezu gegenständig angeordnet.

Sequoias – die größten

Mammutbaum

In Kalifornien verläuft in Nordsüd-Richtung die mächtige Gebirgskette der Sierra Nevada. An den Westhängen der hohen Berge, und zwar in den ausgedehnten Waldgebieten der Sequoia- und Kings-Canyon-Nationalparks, befinden sich die größten Vorkommen der riesigen Mammutbäume.
Dem Engagement des amerikanischen Naturschutzpioniers John Muir ist die Gründung des Sequoia-Nationalparks im Jahre 1890 zu verdanken, damals war bereits ein Drittel der sanften Riesen gefällt.
Auf Plateaus, in einer Höhenlage von etwa 1800 bis 2200 m wachsen die in den USA Giant Sequoia genannten Bäume. Trockene Sommer und schneereiche Winter bestimmen die Wachstums-bedingungen der Riesen. Der größte Mammutbaum wird „General Sherman" genannt, er gilt als das mächtigste Lebewesen der Erde. Die Parkverwaltung gibt die Höhe des Baumes mit 83,8 m und seinen Umfang unmittelbar über dem Boden mit 31,1 m an. Eine Volumenberechnung von 1975 gibt das Stammvolumen mit 1486,6 m^3 an. Das Alter der größten Mammutbäume wird auf 1800 bis 2700 Jahre geschätzt. Von gefällten und genau vermessenen Bäumen mit einem Alter von 3200 Jahren wird berichtet.
Während in den Sommermonaten die Nationalparks von Menschenmassen und langen Autokolonnen heimgesucht werden, ist das Gebiet im Winter manchmal meterhoch verschneit und nur schwer erreichbar. Die Giant Sequoias stehen einzeln oder in kleinen Gruppen. Die rotbraunen Stämme der Mammutbäume sind in der sonst monochromen Winterlandschaft schon von weitem erkennbar.
Von großer Bedeutung für den Bestand der Sequoias sind flächige Waldbrände. Ein Buschfeuer zerstört den Unterwuchs und ermöglicht das Keimen der kleinen Samen der Riesenbäume. Durch ihre mächtige Borke sind die Altbäume geschützt. Ständig wiederkehrende, durch Blitzschläge entstehende Waldbrände sind ein Regulativ der Natur, und den Mammutbäumen gelang es, sich bestens an dieses Ökosystem anzupassen. Finden die regelmäßigen Brände nicht statt, kommt es durch massiven Aufwuchs von Sträuchern und anderen Baumarten zu so genannten „heißen" Bränden, die weit in die Kronen der Giant Sequoias hinauf reichen und sie erheblich schädigen können. Die Parkverwaltungen haben diesen Zusammenhang erkannt und greifen mit künstlich gelegten Bränden regulierend ein.

Redwoods – die S

Küstenmammutbaum

Während die Mammutbäume im Gebirge zu finden sind, wachsen die nah verwandten Redwoods, auch Küstensequoien genannt, in einem schmalen Streifen entlang der nordkalifornischen Küste von San Francisco bis Süd-Oregon. Einst waren sie über die gesamte nördliche Hemisphäre verbreitet.
Durch die klimatischen Veränderungen der letzten Eiszeiten konnten die Redwoods nur in diesen nebelreichen und milden Gebieten überleben.
Mit Rekordhöhen bis zu 112 m sind sie die höchsten Bäume der Erde.
Ihr gegen Insekten resistentes Holz und die unendlich langen, astfreien Stämme machen sie zu begehrtem Bauholz. Etwa 1850 begann die rigorose Abholzung der Riesen. Auch heute fressen sich die Bulldozer und Kettensägen der Holzfällunternehmen unaufhörlich durch die einzigartigen Wälder. Weite Kahlschläge erinnern an die einstige Ausbreitung der Redwoods. So schrumpften die Bestände von 7800 km^2 auf weniger als 400 km^2. Engagierte Naturschützer protestieren unter Einsatz ihres Lebens gegen die Abholzung der uralten Bäume und die nachfolgende Verödung der Landschaft. Die sympathische junge Amerikanerin Julia Butterfly-Hill verschanzte sich 738 Tage ununterbrochen auf einer kleinen Plattform in der Krone des Redwoods „Luna“. Ihr selbstloser, mutiger Protest machte die Menschen vieler Länder auf die Abholzung der Waldbestände aufmerksam.
Nur in den National- und Stateparks sind die Bäume vor der Abholzung sicher, aber auch hier leiden sie unter den Menschen. Besuchermassen betreten das flache, sensible Wurzelwerk und verdichten den Boden. Dennoch bleibt für Naturliebhaber unter den Touristen eine wohl unvergessliche Erinnerung.
Ein Spaziergang unter den Baumriesen, deren oberes Ende meist nur zu ahnen ist, berührt uns zutiefst.
Die ungeahnte Größe der Bäume und die Anmut der mannshohen Farne und anderen Unterpflanzen wecken in uns die Vorstellung eines archaischen Urwaldes. Man hat unweigerlich das Gefühl, einen der schönsten Orte der Erde betreten zu haben.

Bilder | Der kleine Ort Stow-on-the-wold in den Cotswold Hills in England besitzt eine architektonisch-dendrologische Kostbarkeit. Neben dem Nordportal der Kirche St. Edward wurden vor Jahrhunderten zwei Eibenbäume gepflanzt. Aus dem gotischen Portal und der Einfassung mit den prächtigen, säulenartigen Stämmen entwickelte sich eine wunderschöne gegenseitige Steigerung von Kunst und Natur.

Die Zwillinge vo

Gewöhnliche Eibe

Die Gewöhnliche Eibe war einst, mit Ausnahme einiger Landstriche, nahezu in ganz Europa verbreitet. Noch bis ins frühe Mittelalter war sie Charakterbaum der ausgedehnten Waldgebiete des Kontinents. Durch klimatisch bedingte pflanzensoziologische Veränderungen in den Wäldern wurde sie weitgehend verdrängt.

Die extreme Elastizität und dennoch große Härte des Eibenholzes war der Grund für die Ausbeutung der noch vorhandenen Eibenbestände durch die Menschen. Bereits die Germanen und Kelten kannten diesen Vorzug des Holzes und stellten daraus ihre Bögen und Pfeile her. Die begehrten und berühmten englischen Langbögen wurden ebenfalls aus Eibenholz gefertigt. Der große Bedarf auf der Insel konnte nur durch umfangreiche Importe vom Festland gedeckt werden.

Die botanischen Besonderheiten der Eibe sind vielfältig: Eiben sind zweihäusig, männliche und weibliche Blüten bilden sich auf unterschiedlichen Bäumen. Im Unterschied zu allen anderen Nadelgehölzen bilden sie keine verholzenden Zapfen, sondern eine beerenartige Frucht. Ein fleischiger, roter Samenmantel (Arillus) umschließt becherartig den Samen. Die botanische Artbezeichnung *baccata* stammt von dem lateinischen Wort „bacatus“ und bedeutet „mit Perlen besetzt“.

Ein wesentliches Merkmal ist die hohe Giftigkeit des Baumes. Holz, Rinde, Nadeln und der Samen enthalten verschiedene Alkaloide und sind hochgiftig. Schon 50 bis 100 Gramm Nadeln können beim Menschen zu tödlichen Vergiftungen führen.

Eine Ausnahme stellt der rote Arillus dar, er ist ungiftig und umgibt den giftigen Samen. Vögel fressen den schmackhaften Fruchtmantel, scheiden die Kerne wieder aus und verbreiten auf diese Weise den Samen. Auch für Pferde sind geringe Mengen der Nadeln hochgiftig, Wiederkäuern dagegen schaden Eibenteile kaum. Für zahlreiche Wildtiere sind die Eibennadeln ein wohlschmeckender und völlig ungefährlicher Leckerbissen.

Eiben entwickeln sich häufig mehrstämmig, im Alter von einigen Jahrhunderten können sich die vielen Stämmlinge zu einem komplexen Stamm verwachsen. So entwickeln sich die oft vasenförmigen Riesenstämme uralter Eiben. Sie können jedoch auch von Beginn an mit einem Einzelstamm heranwachsen.

Unten | Im Stamm einer Eibe in La Haye-de-Routot ist eine Kapelle eingebaut.

Rechts | Eine mächtige Eibe befindet sich im Kirchhof von Estry.

Die Urbä

Taxus baccata

Familie | Eibengewächse (*Taxaceae*)

Gewöhnliche Eibe

Die Landschaft der Normandie im Nordwesten Frankreichs ist weitgehend an die Bedürfnisse der modernen Landwirtschaft angepasst. Bäume und Wälder sind in einigen Bereichen selten geworden. Dennoch gibt es dort charakteristische Bäume: uralte Eiben. Nicht in der freien Landschaft sind sie zu finden, vielmehr prägen die Bäume die Kirchhöfe vieler Dörfer. In keiner anderen Region sind sie so zahlreich anzutreffen wie in den normannischen Provinzen Orne, Calvados und Eure. Längst nicht alle Orte besitzen noch ihre Urbäume, viele sind verschwunden, entweder sie sind aus Altersschwäche zusammengebrochen oder sie mussten Baumaßnahmen weichen. Ist man einmal sensibilisiert für die ehemaligen Standorte, so kann man fast erahnen, wo sie noch zu Beginn des 20. Jahrhunderts standen.
Innerhalb einer weiten Flussschleife der Seine liegt das Waldgebiet La Forêt de Brotonne. Am Südrand des Waldes befindet sich ein kleiner unscheinbarer Ort: La Haye-de-Routot, unmittelbar neben der Kirche wachsen zwei Rieseneiben. Die kleinere beherbergt eine Lourdes-Grotte. In den Stamm der größeren Eibe wurde im Jahr 1866 eine durch eine Tür geschlossene Kapelle eingebaut. Die Bäume sind völlig hohl, der nach oben offene Hohlraum wurde liebevoll und unauffällig mit Kupferblech eingedeckt. Die mächtigere Eibe hat, 1 m über dem Boden gemessen, einen Stammumfang von 12,5 m, etwas weiter oben beträgt der Umfang an der dicksten Stelle 15 m. Die mit Seilen verspannte Krone hat einen beachtlichen Durchmesser von 25 m.
Westlich der Orne sind weitere Rieseneiben zu finden. In La Lande-Patry befinden sich zwei mächtige Eiben. Der Kirchhof von Estry ist der Standort einer Eibe mit 12 m Stammumfang. Der hohle Stamm ist auf einer Seite offen. Im Baum sollen nach der Zerstörung der Kirche im Zweiten Weltkrieg Gottesdienste abgehalten worden sein.
Die Kirche von Le Ménil Ciboult steht am Ortsrand, und auf dem Friedhof hinter der Kirche ist eine mächtige Eibe mit einem Stammumfang von 12,5 m zu bestaunen. Zahlreiche neue Triebe bilden sich aus dem völlig hohlen und teilweise transparenten Stamm, sie sichern den Fortbestand des altersschwachen Baumes. Es gibt keine Möglichkeit, das Alter der hohlen Eiben exakt zu bestimmen. Alan Mitchel hat aufgrund umfangreicher Erfahrungen eine Methode entwickelt, aus dem Stammumfang eines Baumes sein Alter zu berechnen. Speziell für Eiben korrigiert er wegen des extrem langsamen Dickenwachstums dieser Art seine Allgemeinformel und gibt bei 9 m Umfang ein Alter von 850 bis 1000 Jahren an. Mancher der normannischen Urbäume darf also sicherlich auf 1500 bis 2000 Jahre geschätzt werden.

Unten | Die Kronen mächtiger Eiben überspannen den Kirchhof von La Lande-Patry in der Normandie. Einer der Stämme misst an der dicksten Stelle einen Umfang von 11 m.

Rechts unten | In der englischen Grafschaft Herefordshire befindet sich neben der Kirche von Much Marcle eine uralte Eibe mit einem mächtigen Stamm. Die weit ausladende Krone wird von einem Holzrahmen auf eisernen Säulen aus der viktorianischen Zeit getragen.

Rechts oben | Der Stamm der Eibe von Much Marcle ist hohl und auf der Bank im Innern des Baumes kann eine Gruppe von sieben Personen Platz nehmen.

Die heiliger

Gewöhnliche Eibe

Gerne wird über das geheimnisvolle und mystische Wissen der keltischen Völker spekuliert. Aufgrund fehlender verlässlicher Quellen und gesicherter Informationen bleibt es oft bei Mutmaßungen. In den letzten Rückzugsgebieten keltischer Völker, in der Bretagne, der Normandie, in Großbritannien und Irland sind auffallend häufig uralte Eiben zu finden. Sie stehen an früheren Kultorten, den heutigen Höfen christlicher Kirchen. Sie scheinen Restbestände zu sein, Reste ehemaliger Wälder, pflanzliche Relikte ehemals heiliger Haine. Manche der uralten Eiben dürften in grauer Vorzeit auch von Menschenhand gepflanzt worden sein. Die Achtung und der Respekt, den die Menschen früher vor diesen Bäumen hatten, scheint noch aus längst vergangenen Zeiten herüberzuwirken. Die alten heiligen Riesen werden behutsam gepflegt und mit aufwändigen baumpflegerischen Maßnahmen so lange wie möglich vor dem drohenden Zerfall bewahrt.

Wesentlicher Bestandteil der keltischen Weltanschauung und Religion war der sichere Glaube an die Unsterblichkeit der Seele, das Weiterleben der Verstorbenen. Diese Gewissheit war auch aus intensiver Naturbeobachtung abgeleitet: aus dem Sterben der Natur im Herbst und der Wiedergeburt im folgenden Frühling, dem langsamen Sterben des Mondes und seinem Wiedererscheinen nach Neumond, dem Kommen und Gehen des Meeres im Rhythmus der Gezeiten oder dem immer wiederkehrenden Wandel der Sterne. Es ist nicht verwunderlich, dass die Toten neben den ewig lebenden Eiben bestattet wurden oder eine Eibe als Begleiter auf dem Weg durch die unbekannte Welt den Toten zur Seite gepflanzt wurde. Anders als die Eichen scheinen die Eiben bei den vorchristlichen Völkern nicht als Sitz der Götter gesehen worden zu sein, denn sie mussten nicht der Axt christlicher Missionare weichen. Sie wurden vielmehr in den neuen Glauben integriert und konnten ihren Platz in unmittelbarer Nähe der heiligsten Orte behalten.

Unten | Im Botanischen Garten von Shanghai befindet sich eine Gruppe zahlreicher sehr alter Japanischer Palmfarne (*Cycas revoluta*).

Rechts oben | Eine Sammlung alter *Cycas* in einem südtoskanischen Klosterhof in Italien.

Rechts unten | Ebenfalls in Shanghai ziert ein Japanischer Palmfarn den Eingang eines Luxushotels.

Baumartig

Familie | Palmfarngewächse (*Cycadaceae*)

Japanischer Palmfarn

Die Bezeichnung Palmfarn schafft Verwirrung. Im Erscheinungsbild von Palmfarnen, Palmen und Farnen gibt es gewisse Ähnlichkeiten. In botanisch-systematischer Hinsicht bestehen zwischen diesen Pflanzengruppen jedoch sehr große Unterschiede. Zunächst also die systematische Entwirrung: Palmfarne und Palmen gehören beide zur Abteilung der Samenpflanzen. Hier endet jedoch bereits ihre botanische Gemeinsamkeit, denn innerhalb dieser Abteilung gehören beide jeweils verschiedenen Unterabteilungen an. Die Palmfarne gehören zu den Nacktsamern (früher 1 Unterabteilung: Gymnospermae, heute 2 Unterabteilungen: Coniferophytina und Cycadophytina), also all jenen Samenpflanzen, deren Samen nicht in einer sie umschließenden Hülle heranwächst. Die Palmen dagegen gehören zur Unterabteilung der Bedecktsamer (Angiospermae), ihre Samen entwickeln sich innerhalb einer Hülle oder Frucht. Die äußere Ähnlichkeit der Palmfarne mit den Farnen hat botanisch so gut wie gar keine Entsprechung, denn Farne gehören nicht zur Abteilung der Samenpflanzen, sondern zur Abteilung der Farnpflanzen.

Die Palmfarne traten vor etwa 200 Millionen Jahren in die Geschichte der Pflanzenevolution ein und besiedelten die heutigen Regionen der Tropen und Subtropen sowie der gemäßigten Zonen der Erde. Durch klimatische Veränderungen und das äußerst erfolgreiche Auftreten der Blütenpflanzen (Bedecktsamer) in der Kreidezeit vor etwa 100 Millionen Jahren wurden die Palmfarne wieder verdrängt. Die heute noch existierenden Vertreter der Palmfarne sind überwiegend in den tropischen Zonen Mittelamerikas, Afrikas, Südostasiens sowie Nordaustraliens zu finden.

Als Topf- und Kübelpflanzen erfreuen sie sich heute in den gemäßigten Breiten großer Beliebtheit, dies gilt besonders für den Japanischen Palmfarn (*Cycas revoluta*). Er stammt von den südjapanischen Inseln Nansei-shotō, Mitsukama Ito und Kyūshū.

Seine Stämme sind kurz und gedrungen, selten erreichen sie eine Höhe von 2 m. An der Spitze des Stammes entspringen in jährlichen Schüben die 50 bis 200 cm langen Blattwedel. Die Blätter sind starr, einfach gefiedert, linealisch angeordnet und dicht gestellt. Cycas sind zweihäusig, weibliche Pflanzen bilden am Stammende zwischen den Blattstielen Samenanlagen, männliche Individuen entwickeln einen zapfenähnlichen Pollenspender. *Cycas revoluta* wächst sehr langsam und kann auch im Topf einige hundert Jahre alt werden. Große Kübelpflanzen sind entsprechend teuer und zieren nicht selten besonders exklusives Ambiente.

Unten links und rechts | Südwestlich des Brandbergmassivs befinden sich auf einem Plateau Tausende von Welwitschien.

Rechts oben | Männlicher Blütenstand.

Welwitschia

Welwitschie

Eine der merkwürdigsten Pflanzengestalten begegnet dem Reisenden in der Wüste Namibias. Von weitem sehen die Welwitschien kaum aus wie lebende Pflanzen. Die zusammengerollt am Boden liegenden, olivgrünen, manchmal sogar braunen Blätter erinnern eher an die vertrockneten Überreste von toten Pflanzen, was bei der großen Hitze und der extrem niedrigen Luftfeuchtigkeit auch gar nicht verwundern würde.
Als sie der Botaniker Friedrich Welwitsch im Jahr 1859 als erster Europäer entdeckte, soll er vor Verwunderung in die Knie gegangen sein.
Niederknien muss derjenige, der sie genauer betrachten will, auf jeden Fall. Die sonderbare Pflanze ist ein Baum, dessen Stamm, wenn überhaupt, dann nur wenige Zentimeter über die Erdoberfläche hinausragt. Der Rest des kurzen Stammes aus sehr hartem Holz ist weitgehend im sandigen Boden verborgen und geht in eine 2 bis 3 m tiefe Pfahlwurzel über.
Am Kopf des Stammes entspringt eine seltsame Krone ohne Äste, nur mit einem Blattpaar. Nach den zwei Keimblättern bilden sich im langen Leben der Welwitschie nur noch zwei weitere Blätter, die gegenüberliegend aus dem Stammkopf entspringen. Diese zwei bandartigen Blätter wachsen von innen her ständig nach, je nach Niederschlag verlängern sie sich im Jahr um 2 bis 20 cm. Sie liegen am Boden auf und rollen sich im Laufe der Jahre spiralartig zusammen. Sie können eine Länge von 2 bis 3 m erreichen, von Blättern bis zu 8 m Länge wird berichtet. Die Blätter werden vom Wüstenwind zerzaust und reißen in schmale Längsstreifen, so entsteht der eigenartige Blatthaufen Welwitschie. Diese Pflanze hat sich an den extremen Standort angepasst. Der häufig auftretende Nebel vom nahen Atlantik perlt an den Blättern ab, die Tropfen fallen im Wurzelbereich der Pflanze zu Boden und können so als Niederschlag genutzt werden. Die Welwitschie ist zweihäusig, männliche und weibliche Pflanzen bilden zapfenähnliche Blütenstände. Die Blüten entspringen an Stielen am Rand des Stammkopfes. Die männlichen Pflanzen erzeugen Pollen, der von Insekten zu den weiblichen Blütenständen getragen wird. Nach der Befruchtung bilden sich Tausende Samen, die vom Wind ausgebreitet werden. Systematisch gehört die Welwitschie, wie Koniferen und Nadelgehölze, zu den Nacktsamern (*Gymnospermae*). Ihre Heimat ist die küstennahe Nebelwüste Namibias vom Kuiseb-River bis nach Südangola.

Unten | Am Brunnen des Dorfes Fanari bei Andritsena in Griechenland steht eine alte Platane.

Rechts unten | Nahe der griechischen Stadt Kalavrita befindet sich das Baumheiligtum Plataniotissa. Die zweistämmige Platane ist die größte bekannte Platane. Der Umfang ihres mächtigen Stammfußes beträgt mehr als 23 m. In Brusthöhe beträgt der Umfang des stärkeren Stammes 12,80 m. Der Baum ist 25 m hoch. Eine Legende erzählt, dass die Platane bereits im Jahr 352 n. Chr. hier stand.

Rechst oben | Im Innern der Plataniotissa befinden sich zwei Räume. Unmittelbar nach dem Portal eröffnet sich der Altarraum mit einem Ausmaß von 3 m mal 3,50 m. Weiter hinten im Baum befindet sich ein weiterer Gebetsraum, in welchem 6 bis 8 Personen bequem sitzen können. Beide Räume sind insgesamt mehr als 7 m tief.

Die K

Morgenländische Platane

In der griechischen Mythologie spielte die Platane eine wichtige Rolle, sie war der berühmteste Baum des vorderen Orients. Heute befindet sich in vielen Regionen Griechenlands und der vorderen Türkei in der Ortsmitte der alten Dörfer eine mächtige Platane oder eine kleine Platanengruppe. Mit ihrer lichten, schattenspendenden Krone überspannt sie den Treffpunkt von Jung und Alt. Meist ist in unmittelbarer Nähe der Platane auch der Dorfbrunnen zu finden. Die Platanenplätze werden liebevoll gepflegt und die oft sehr alten Brunnenfassungen sind häufig geschmackvoll renoviert. Auch in der freien Landschaft verkündet das hellgrüne Laubdach der Platane eine erfrischende Quelle oder einen plätschernden Bachlauf, denn die Morgenländische Platane (*Platanus orientalis*) folgt wie die nordamerikanische Verwandte (*Platanus occidentalis*) den Bach- und Flussläufen entlang ihrer Wege durch Berge und Täler.
In der Mitte des 17. Jahrhunderts brachte der englische Pflanzensammler John Tradescant der Jüngere die Nordamerikanische Platane (*Platanus occidentalis*) von einer Expedition durch Nordamerika mit nach Europa. In Südeuropa hat sich höchstwahrscheinlich aus der orientalischen und der eingeführten Art eine Naturhybride, ein so genannter Bastard, gebildet, die *Platanus × hispanica*. Die Entstehungsgeschichte ist jedoch nicht

einwandfrei belegt. Der Bastard wird, nach seiner an Ahorn erinnernden Blattform, auch Ahornblättrige Platane (*Platanus × acerifolia*) genannt. Anders als das orientalische Elternteil ist diese neue Platanenhybride sehr frosthart und wurde schnell zu einem beliebten Parkbaum in ganz Europa.
Der bis zu 35 m hoch werdende Baum erfüllt die heutigen „Ansprüche“ eines Stadt- und Straßenbegleitbaumes bestens. Er ist gegenüber Abgasen wenig empfindlich und verträgt das trockene strahlungsintensive Klima der Innenstädte sehr gut. Selbst eine das Wesen des Baumes völlig missachtende, komplette Versiegelung des Standraumes durch Beton und Asphalt scheint die Platane zu tolerieren.

Der Arbol del C

ucho von Orotava

Coussapoa dealbata

Familie | Cecropiagewächse (*Cecropiaceae*)

Kautschukbaum

Im Norden der Kanarischen Insel Teneriffa befindet sich in Orotava der Jardín de Aclimatación, ein kleiner botanischer Garten, der im Jahr 1788 vom spanischen König Carlos III. gegründet wurde. Hierher pflanzten die spanischen Seefahrer und Pflanzensammler ihre botanischen Fundstücke aus den tropischen Ländern, vor allem aus Lateinamerika, he sie auf dem spanischen Festland weiter kultiviert wurden. Den Mittelpunkt des Gartens bildet der mächtige Arbol del Caucho (*Coussapoa dealbata*) mit seinem ausgedehnten Kronendach von fast 40 m Durchmesser. Ähnlich wie bei vielen Feigenbaumarten hatte auch dieser Baum seinen Ursprung in der Krone eines anderen Wirtsbaumes, den er nach und nach erwürgte. Aus seinen aus der Krone herabreichenden Luftwurzeln, die, sobald sie den Boden erreichen, zu Stämmen werden, bildete sich ein Baumgerüst, das keinen Hauptstamm erkennen lässt. Das Geflecht aus Stämmen, Stelzen, Ästen und Luftwurzeln erinnert an die Heimat des Baumes, den tropischen Regenwald Brasiliens.

Der spanische Name der Baumart „Arbol del Caucho" bedeutet Kautschukbaum. Er gehört zu den zahlreichen Pflanzenarten, die den begehrten weißen Milchsaft Latex liefern. Nicht *Coussapoa dealbata*, sondern die ebenfalls aus Brasilien stammende *Hevea brasiliensis* aus der Familie der Wolfsmilchgewächse (Euphorbiaceae) ist die wesentliche Quelle der Kautschukgewinnung. Die weltweit größten Latexmengen liefern ausgedehnte Plantagenpflanzungen der *Hevea brasiliensis* in den Ländern der südostasiatischen Tropen. Da der Bedarf an Naturkautschuk, insbesondere in den westlichen Industrieländern, weiter ansteigt, werden die Kautschukplantagen, oft nach der Brandrodung unwiederbringlicher Regenwälder, massiv ausgeweitet. Alleine die Automobilindustrie verschlingt nahezu 70 % der weltweiten Kautschukproduktion.

Die Feigenbäume am R

Familie | Maulbeerbaumgewächse (*Moraceae*)

Australischer Gummibaum, Großblättrige Feige

Im englischen Sprachraum wird *Ficus macrophylla* Moreton Bay Fig genannt. Die Heimat des Baumes ist aber nicht auf die Region um die ostaustralische Moreton Bay beschränkt, er ist in den warmen, subtropischen Regenwäldern von Queensland bis zur Südküste von New South Wales zu finden.
Es gibt für diese Baumart zwei verschiedene Entwicklungsvarianten. Durch die Ausscheidungen früchtefressender Vögel und Säugetiere können Samen des Australischen Gummibaumes auf andere Baumarten gelangen. Auf den Wirtspflanzen kommt es zur Keimung des Samens und das Leben des Ficus als Epiphyt beginnt. Zunächst entwickeln sich lange Luftwurzeln in Richtung Urwaldboden. Rasch breitet sich eine schlingende Würgepflanze aus, die den Wirtsbaum bald abtötet und auf ihren langen und mächtigen, zu Stämmen umfunktionierten Luftwurzeln, ein sich selbst tragendes Baumwesen wird. Diese Entwicklungsvariante kommt am Naturstandort häufig vor. Fällt der Samen aber zu Boden und sind die Lichtverhältnisse entsprechend positiv, so entwickelt sich daraus ein von Anfang an selbstständiger Baum.
In den klimatisch sehr günstigen Gebieten Kaliforniens und der Südstaaten der USA wurde dieser Baum in der zweiten Hälfte des 19. Jahrhunderts ein Modebaum. Manche Exemplare sind inzwischen zu großen Bäumen herangewachsen. Besonders beeindruckend sind die beiden Australischen Gummibäume am Rancho Los Alamitos, auf einem kleinen Hügel über der Stadt Long Beach in Kalifornien. Sie wurden im Jahr 1881 von Susan Bixpy gepflanzt. Mit ihren 25 m breiten Kronen überdachen sie den Garten vor der Arkaden-Veranda des Wohnhauses. Die eigentliche Sensation der Bäume sind ihre ungewöhnlichen Stämme und die hochragenden, brettartigen Wurzelanläufe, die an Fabelwesen erinnern.

Unten | Edisons Banyan ist der größte seiner Art auf dem amerikanischen Festland, auf der zu Hawaii gehörenden Insel Maui befindet sich ein noch größeres Exemplar. Der größte Baum dieser Art ist jedoch in seiner asiatischen Heimat im botanischen Garten von Kalkutta zu finden.

Rechts oben | Das asiatische Flair eines Waldes aus Loftyfeigen (*Ficus altissima*) empfängt den Besucher der Edison Ford Estates.

Rechts unten | In der Nähe des ehemaligen Wohnhauses von Henry Ford ist ein sich weit ausbreitender Kongo-Gummibaum (*Ficus vogelii*) aus den zentralafrikanischen Tropen zu bestaunen.

Die Feigenbä

Banyan-Feige, Loftyfeige, Kongo-Gummibaum

Thomas Edison war nicht nur ein genialer Erfinder, auch als Pflanzensammler machte er sich einen Namen. Er lebte, anfangs nur im Winter, später ganzjährig, in Nachbarschaft mit dem Autoproduzenten Henry Ford in Fort Myers im klimatisch idealen Florida. Auf seinem Grundstück sammelte er 6000 verschiedene Pflanzenarten. Ein wichtiger Grund für diese Sammlertätigkeit war die Suche nach industriell verwertbaren Naturfasern und nach Heilmitteln.

Noch bevor der Besucher den eigentlichen Garten der Edison Ford Estates am Caloosahatchee-River betritt, kann er einen Wald aus Loftyfeigen (*Ficus altissima*, Hohe Feige) bewundern. Die Heimat dieser Bäume sind die asiatischen Tropen.

Der berühmteste Baum der botanischen Sammlung Edisons ist die ebenfalls aus Asien stammende Banyan-Feige (*Ficus benghalensis*). Harvey Firestone, der Pionier des Gummireifens, brachte sie 1925 als Geschenk aus Indien mit. Beide, Edison und Firestone, waren auf der Suche nach einer ertragreichen Gummiquelle. Heute überdeckt dieser einzige Baum eine Fläche von 4000 m^2, jedoch nur deshalb, weil seine weitere Ausbreitung nach allen Seiten von den Gärtnern des Anwesens konsequent in Zaum gehalten wird. Aus den fast horizontal ausgerichteten Ästen bilden sich mächtige, vertikale Luftwurzeln, die sich rasch in Stämme wandeln und so das statische Tragwerk für ein weiteres Ausbreiten der Hauptäste bilden. Anders als die meisten Baumarten besitzt die Banyan-Feige die Eigenschaft, aktiv ihren Standort zu verändern, sie ist ein regelrechter Wanderbaum.

Unten | Raureifbeladene Birken in der Winterlandschaft des Nationalparks Šumava in Tschechien.

Rechts oben | Auf idealen, gut mit Nährstoff versorgten Böden können Birken rasch zu großen Bäumen heranwachsen. Im Stadtpark von Jönköping in Schweden steht eine mächtige Birke.

Rechts unten | Auf mageren Moorböden entwickeln sich Birken nur sehr langsam, selbst nach Jahrzehnten sind sie noch Baumzwerge.

Die Birke – ein Pior

er in der Baumwelt

Betula pendula, Betula pubescens

Familie | Birkengewächse (*Betulaceae*)

Hänge-Birke, Moor-Birke

Die beiden Birkenarten sind in Mittel- und Nordeuropa bis Sibirien heimisch. Sie besiedeln sandige und moorige Standorte im Flachland und sind bis in die unwirtlichen Hochgebirgszonen sowie in der extremen arktischen Waldtundra zu finden.
Die Hänge-Birke, ihre botanische Artbezeichnung *pendula* bedeutet „hängend“ und bezieht sich auf die überhängenden Zweige, liebt saure Lehmböden sowie sandigen und steinigen Untergrund.
Die Moor-Birke ist in Moorgebieten beheimatet und kommt mit sauren, staunassen Böden bestens zurecht. Ihr Artname „*pubescens*“ bezieht sich auf die flaumige Behaarung der jungen Triebe.
Beide Arten sind außergewöhnliche Pionierpflanzen. Die Hänge-Birke ist der Erstbesiedler massiv vom Menschen veränderter Landschaften, sie ist in der Lage, auf Trümmerflächen, Kahlschlägen, Schutthalden und in Tagebaulöchern schnell waldartige Bestände zu bilden. Die Moor-Birke war eine der ersten Baumarten, die die eisfrei gewordenen Zonen am Ende der Eiszeiten wieder besiedelten. Im kurzen nordischen Sommer und im unwirtlichen Klima Sibiriens kommt sie gut zurecht. Die extreme Frosttoleranz und der geringe Anspruch an den Boden macht sie zum Charakterbaum der Taiga und der Waldtundra. Die zu Tausenden auftretenden kleinen, beflügelten, nussartigen Samen sichern die rasche Ausbreitung der Birken. Wegen ihres schmucken, leuchtend weißen Stammes wurde die Hänge-Birke zu einer beliebten Baumart in Parks und Gärten. Doch ihr bei zahlreichen Menschen Allergien auslösender Blütenstaub und die scheinbar überallhin eindringenden, großen Samenmengen verschaffen der Birke oft den Argwohn der Stadtbewohner. Ihr unstillbarer Durst saugt den Gartenboden aus. Findet sie einen Riss in der Abwasserleitung, so verstopft sie mit ihrem dichten Wurzelwerk die Kanalisation. Doch die Freude, die sie am richtigen Standort Menschen bereitet, wiegt alles auf: Kein anderer Baum ist wie die Birke in der Lage, mit seinen zarten Zweigen die reifbildende Feuchtigkeit aus der kalten Winterluft zu kämmen. Schwer beladen neigt sie ihre Äste, ihr weißes Prachtkleid kürt sie zum Idealbaum der Winterlandschaft. Durch ihr frisches, hellgrünes Laub wurde sie zum Boten des Frühlings. In vielen Regionen ist sie der Maibaum. Ihre jungen, zu Kronen geflochtenen Triebe zieren die Köpfe der Mädchen und geschlagene Jungbirken säumen die Prozessionswege gläubiger Christen.

Die hundertstämmigen Buche

Rot-Buche

Man sieht eine eigenartige weite Ebene, Grasland, blühende Wiesen, immer wieder zerfurcht von der Fossa, jenem tiefen Graben, den die Wassermassen nach der Schneeschmelze im Frühjahr in die Erde eingegraben haben. Weiter im Hintergrund blühen die Linsenfelder. Eine Landschaft in Italien an der Grenze der Regionen Umbrien und Marken: Der Nationalpark Monti Sibillini und die „Piano Grande", die große Hochebene knapp 1500 m über dem Meeresspiegel. Im Osten dominiert ein mächtiger Berg, der 2476 m hohe Monte Vettore. Im Norden beendet ein kleiner, archaisch wirkender Ort die Szenerie, Castellúccio, das Zentrum der dortigen Linsenproduktion.
Eine Landschaft, die zum Wandern herausfordert, mit einzelnen Bäumen an den Bergflanken – kleine, gedrungene Bäume mit dichten, runden Kronen.
Es sind Rot-Buchen (*Fagus sylvatica*); die starken Winde, die Schneelast im Winter und der felsige Untergrund machen ihnen das Leben schwer. Sie sind zu über Hundert auf engstem Raum aufgewachsen. Auf die Ursache für diese besondere Gestalt weisen die überall vorhandenen Trittspuren von Schafen, Ziegen und wilden Pferden hin. Sie haben die einst jungen Triebe verbissen, dadurch bildeten sich immer zahlreicher neue Triebe und irgendwann haben es die Bäume dann doch geschafft, ihre gemeinsame Krone in einer sicheren Höhe zu entfalten.
In den trockenen Tieflandzonen Italiens fehlt die Buche völlig, denn sie bevorzugt die niederschlags-reichen, kühleren Regionen Mitteleuropas bis in den Süden Skandinaviens, von Frankreich bis nach Polen und in die Ukraine. In den Gebirgen Mittel- und Süditaliens kann sie nur in Höhenlagen über 1000 m gedeihen, denn die Temperaturen und die Niederschlagsmengen entsprechen denen in Mitteleuropa.
Erst in den letzten 3000 Jahren hat sich die Buche zur dominanten Baumart in Mitteleuropa entwickelt.
An günstigen Standorten mit leicht alkalischen Böden in mittleren Höhenlagen dominiert sie sehr schnell, im Streben nach Sonne und Licht bleibt sie immer der Sieger. Sie schließt das Walddach und keiner anderen Baumart ist es möglich, dieses Buchendach in 25 bis 30 m Höhe zu durchbrechen. Nur ihre eigenen Nachkommen schaffen es, im tiefen Schatten aufzuwachsen.
Ein natürlicher Buchenwald hat immer reichlich Naturverjüngung und eine artenreiche Krautflora mit zahlreichen Frühjahrsblühern. Mitte Mai, wenn durch das Buchenlaub das Licht versperrt ist, sind die Blüte und Befruchtung der Bodenpflanzen längst abgeschlossen.

Die Bavaria-Buche

Fagus sylvatica

Familie Buchengewächse (*Fagaceae*)

Rot-Buche

Im Süden Deutschlands, nahe der bayerischen Ortschaft Pondorf, steht eine wundervolle, majestätische Buche. Sie ist berühmt, ihr Bild schmückt viele Postkarten, Werbeplakate und Zeitschriften: die Bavaria-Buche. Sie war oft im Fernsehen zu sehen, Porträts des Baumes füllen zwei Bildbände.

Die Dimension des Baumes ist ungewöhnlich: Der riesige Kronenschirm überspannt eine Fläche von 700 m^2 und der wulstige Stamm des Baumes hat in Brusthöhe einen Umfang von etwa 9 m.

Während der Hauptwuchsphase bildet ein Baum kräftige Triebe in alle Richtungen, um möglichst viel Lichtraum zu erobern. Steht der Baum frei, so kann er, wie die Bavaria-Buche, eine weit ausladende Krone entwickeln. Das Gewicht der vielen Zweige und die Hebelwirkung der immer länger werdenden Äste führen allmählich zu statischen Problemen und später zum Zerbrechen der Krone. Um dies zu verzögern, reduziert der Baum in seiner Alterphase das Längenwachstum der Triebe. Er bildet Kurztriebe, kleinere und weniger Blätter, um möglichst lange ohne Bruch weiterzuleben. Die Krone wird lichter, schütter und leichter. Am Standort der Bavaria-Buche griff aber der Mensch ein. Die Düngung der Wiese und der umliegenden Felder mit wachstumsförderndem mineralischen Stickstoffdünger brachte den natürlichen Nährstoffkreislauf völlig durcheinander. Die greise Buche ist durch die Überdosis mineralischer Düngung jahrzehntelang viel zu stark gewachsen. In der Folge geschah, was die Buche selbst, ohne Zutun des Menschen, erfolgreich verzögert hätte: sie brach unter der Last der viel zu schweren Triebe auseinander.

Ein Jahr vor dem ersten Bruch warnte ich vor der drohenden Gefahr und empfahl den Einbau einer dynamischen Kunststoff-Seilverspannung. Auf der Grundlage umfangreicher Studien werden in der modernen Baumpflege Bäume nicht mehr mit Stahlseilen verspannt und verankert, vielmehr kommen dynamische Seilsysteme zum Einsatz, die dem Baum bei extremen Lastsituationen helfen, seine Statik zu verbessern. Die zuständigen Behörden reagierten nicht auf meinen Vorschlag. Auch nach dem ersten Bruch eines 12 m langen Stämmlings war es für den Einsatz solcher statischer Hilfen nicht zu spät. Nun lehnten aber die Behörden jede statische Hilfe entschieden ab. Exemplarisch soll der majestätische Baum das Werden und Vergehen in der Natur verdeutlichen. Empört reagierten viele Fachleute, Naturliebhaber und Baumfreunde, denn sie sind sich bewusst, dass es derartige Baum-Methusalems, zumindest in den modernen Industrieländern, nie wieder geben wird.

Ihre Absicht war es, diesen einzigartigen Baum, ein beachtenswertes Wunder der Natur, zu bewahren und für die Nachwelt zu erhalten. Nur wenige Jahre später brach die Krone unter der massiven Last schweren Raureifs weiter auseinander.

Unten | Auf einem frühgeschichtlichen Ringwall nahe der englischen Ortschaft Aveburry haben Schafe bei schlechtem Wetter stets unter Buchen Schutz gesucht, das durchwühlte und vom Regen aufgeweichte Erdreich ist durch starke Niederschläge allmählich abgeschwemmt worden. So wird ein selten sichtbares Netzwerk von Wurzeln erkennbar.

Rechts | Am Berg La Verna in der italienischen Toskana konnten die starken Wurzeln mehrerer Buchen nur in kleinen Spalten im Fels Halt finden, sie mussten Spalt für Spalt suchen und kurze Wegstrecken oberirdisch zurücklegen.

Fest mi

der Erde verwurzelt

Fagus sylvatica

Familie | Buchengewächse (*Fagaceae*)

Rot-Buche

Die Wurzeln der Bäume dienen der Aufnahme von Wasser und den darin gelösten Nährstoffen.
Sie sichern die Standfestigkeit eines Baumes und speichern lebensnotwendige Reservestoffe.
Die seitliche Ausbreitung der Wurzeln kann je nach Standort und Baumart weit über die Kronenschirmfläche hinausreichen. Dieses Wurzelwerk bleibt uns aber meistens verborgen.
Viel kleiner und noch weniger sichtbar ist die Vernetzung, die die Wurzeln vieler Baumarten mit einem Pilzgeflecht im Boden eingehen. Diese so genannte Mykorrhiza ist eine symbiotische, nicht pathogene Beziehung zwischen Pilzen und den noch nicht verholzten Saugwurzeln von Bäumen.
Zur Bildung der Mykorrhizen sind eine große Zahl bodenbewohnender Pilze befähigt, oft handelt es sich um bekannte Speisepilze. Mit einem feinen Geflecht überziehen sie die Wurzelspitzen. Es dringt zwischen die Rindenzellen der Wurzeln ein und bildet ein Netz aus, über welches ein intensiver Stoffaustausch erfolgt.
Die Vorteile, die Bäume aus der wechselseitigen Beziehung haben sind vielseitig. Der unterirdische Einzugsbereich des Baumes wird durch das weit im Boden verbreitete Pilzgeflecht um ein Vielfaches vergrößert. So wird der Baum befähigt, auch spärlich im Boden vorhandene Nährstoffe und geringe, feinst verteilte Wassermengen auszunutzen. Durch die höhere Erschließungskraft der Pilze gegenüber komplexen organischen Stickstoffverbindungen und durch ein spezielles Lösungsvermögen, besonders von Phosphor und Kali, ist eine bessere Nährstoffversorgung für die Bäume erreichbar. Die Pilze hingegen erhalten von den Bäumen Kohlenhydrate und andere Assimilate, die sie selbst nicht produzieren, da sie über kein Blattgrün verfügen und nicht zur Photosynthese in der Lage sind.
Die feine Wechselbeziehung ist an manchen Baum- und Waldstandorten in akuter Gefahr. Massiver Stickstoffeintrag durch Luftverunreinigung aus Industrie und Verkehr sowie aus mineralischer Düngung zerstört das sensible Gleichgewicht im Boden nachhaltig. Die Mykorrhiza stirbt ab und pathogene Pilze können die Wurzelspitzen der Bäume besiedeln. Dieser komplexe Zusammenhang muss bei der Ermittlung der Ursachen des Waldsterbens in den Industrieländern mitberücksichtigt werden.

Bilder | Der mächtige Stamm der Wolfgangseiche nahe der Stadt Regensburg in Deutschland ist wohl schon seit einigen hundert Jahren hohl. Viel Kernholz ist nicht mehr vorhanden, es ist von Pilzen zerstört und abgebaut worden. Der Baum ist dennoch stabil und die weitgehend intakte Schicht des Splintholzes ist in der Lage, die riesige Krone des Baumes mit Wasser und Nährstoffen zu versorgen.
Auf dem unteren starken Ast der Eiche sitzend soll einst St. Wolfgang die Lehre des Himmels gepredigt haben.

Dem

Quercus robur

Familie Buchengewächse (*Fagaceae*)

Stiel-Eiche

Der Stamm ist die tragende Säule des Baumes, die notwendige Festigkeit wird durch Holzbildung erreicht. Der Aufbau des Stammes beruht auf Zellvermehrung im Bildungsgewebe, dem so genannten Kambium, das sich zwischen dem Holz- und dem Bastteil befindet. Diese Kambiumschicht ist nur wenige Millimeter dick. Sie besteht aus teilungsfähigen Zellen und umhüllt den gesamten Baum von den Wurzelspitzen bis in die Spitzen der höchsten Zweige. Das Kambium bildet unterschiedliche Zellarten: Nach außen werden Bastzellen (Phloem) gebildet, nach innen entwickeln sich Holzzellen (Xylem). Es bewirkt das Dickenwachstum von Wurzel, Stamm und Zweig.

Das Phloem ist ein System aus Leitungsbündeln, in denen die durch Photosynthese gewonnenen Assimilate von den Blättern in die übrigen Teile des Baumes transportiert werden.

Im Xylem findet der Saftstrom von unten nach oben statt. Hier wird das von den Wurzeln aufgenommene Wasser mit den darin gelösten Nährstoffen nach oben bis in die Blätter transportiert.

Aufgrund unterschiedlicher Zelldifferenzierung kommt es innerhalb des Xylems zu unterschiedlichen Funktionen. Während in den äußeren Schichten, dem so genannten Splintholz, insbesondere die Wasserleitung stattfindet, befinden sich weiter innen im Stammquerschnitt, dem Kernholz, in der Regel keine aktiven Zellen.

Am Stammquerschnitt der Eiche ist die dünne, gelblichweiße Schicht des Splintholzes gut von dem dunklen, braunen Bereich des Kernholzes zu unterscheiden. Bei der Eiche ist der Bereich des Splintholzes nur wenige Jahrringe stark.

Die Verkernung des Splintholzes tritt rasch ein und vom Kambialgewebe her wird jährlich ein neuer Splintholzring gebildet. Durch Schädlingsbefall, extreme Fröste und mechanische Zerstörungen in diesem dünnen, wasserführenden Bereich kann es zu massiven Störungen im Wasserhaushalt der Eiche kommen. Der innere Bereich des Kernholzes ist für den Baum weniger wichtig. Durch Pilzbefall kann der Stamm von innen nach außen langsam morsch und hohl werden. Für die Vitalität und Statik des Baumes besteht dadurch aber lange Zeit keine Gefahr.

Unten | Nahe der bayrischen Stadt Ingolstadt befinden sich im Gerolfinger Eichenwald uralte, riesige Solitäreichen.

Rechts oben | Bei Rohrenfeld in Bayern befindet sich eine majestätische Alteiche, die im Laufe der letzten Jahrzehnte abgestorben ist.

Rechts unten | Ebenfalls bei Rohrenfeld zieren mächtige Eichen einen der schönsten Golfplätze Europas.

Alte E

Quercus robur

Familie | Buchengewächse (*Fagaceae*)

Stiel-Eiche

Als die Donau einst noch den Charakter eines mächtigen Urstroms hatte und ihr Verlauf durch regelmäßig auftretende Hochwässer ständig verändert wurde, säumte ihre Uferzonen ein breites Band von Auwäldern. Die Stiel-Eiche gehört zur natürlichen Pflanzengesellschaft des Hartholz-Auwaldes. Manche der Ureichen aus der Zeit des freien Flussverlaufes sind heute noch zu finden. Sie stehen in den verbliebenen Auwäldern oder als mächtige Baumwesen in der freien Flur, denn einzelne Exemplare haben die Rodung der Auwälder überlebt.

Langsam, über mehrere Jahrzehnte, manchmal Jahrhunderte sterben die Eichen vor sich hin.

So manchen Naturfreund stimmt dieser schleichende Tod etwas traurig, vielleicht fühlt er sich an seine eigene Vergänglichkeit erinnert. Doch die ökologische Bedeutung der sterbenden Baumriesen ist besonders hoch. Etwa 1300 Käferarten haben sich in Mitteleuropa auf vielfältige Art auf absterbendes Holz als Lebensraum spezialisiert. Etwa 500 dieser Käferarten sind als Besiedler der Eiche bekannt, wobei 80 Arten ausschließlich auf der Eiche leben. Die Namen vieler dieser Käferarten sind auf der „Roten Liste der bedrohten Arten" zu lesen. Zahlreiche Totholzkäfer sind sehr unscheinbar, jedoch gehören auch imposante Arten wie der Hirschkäfer (*Lucanus cervus*) oder der Große Eichenbock (*Cerambyx cerdo*) zu den Eichenbewohnern. Je nach Spezialisierungsgrad leben sie von kränkelndem Holz, frisch abgestorbenem Holz oder von Holzmulm. Manche ernähren sich von den unzähligen Pilzarten, die den Tod einer alten Eiche begleiten.

Auch unter den eichenbewohnenden Pilzarten ist eine großartige Artenvielfalt vorhanden. Sie werden in zwei wesentliche Gruppen unterteilt. Während die parasitären Pilze in der Lage sind, lebendes Holz abzutöten, bauen die saprophytischen Pilze bereits totes Holz weiter ab. Nicht nur die zahlreichen Porlinge und Blätterpilze, deren Fruchtkörper am Holz gut sichtbar sind, sondern auch die zahllosen Pilzarten, deren Fruchtkörper nur unter der Lupe sichtbar werden, spielen eine bedeutsame Rolle im Kreislauf von Werden und Vergehen. Nicht nur während der Phase ihrer vollen Lebenskraft beherbergt und nährt eine Eiche zahlreiche Insektenarten, Säugetiere und Vögel, auch in ihrem langsamen Vergehen bietet sie Raum für mannigfaltige Lebensprozesse.

Die Eichen de

Stein-Eiche, Arkadische Eiche, Ungarische Eiche

Umsäumt von den Wäldern und Bergen Arkadiens steht eine kleine unscheinbare Kapelle, das Heiligtum der Theodora. Unterhalb der Kapelle entspringt eine mächtige Karstquelle. Auf dem Dach der kleinen, aus Natursteinen gebauten Kapelle, befindet sich die eigentliche Besonderheit, ein kleiner Wald. Es handelt sich um insgesamt 17 Bäume: Stein-Eichen (*Quercus ilex*), Arkadische Eichen (*Quercus ithaburensis subsp. macrolepis*, Valonea-Eiche), Ungarische Eichen (*Quercus frainetto*) und einen Weißdorn (*Crataegus monogyna*). Der mystische Ort ist umrankt von verschiedenen Legenden. Der letzte Wunsch der Märtyrerin Theodora sei es gewesen, so wird erzählt, dass Bäume aus ihrem Grab hervorwachsen. An der Stelle ihres Grabes steht seit Jahrhunderten eine gemauerte Kapelle. Die Wurzeln der Bäume auf dem Dach sind so tief in das Mauerwerk eingedrungen und so sehr mit den Mauern verbunden, dass die Kapelle heute förmlich durch die Baumwurzeln zusammengehalten wird. Eine seltene Symbiose von Haus und Baum, fast ein botanisch-architektonisches Wunder. In jüngster Zeit ist die Kapelle so renoviert, dass von den Wurzeln weder an den Außenmauern noch im Innern des Gebäudes etwas zu sehen ist. Den vielen Gläubigen, die diesen Ort besuchen, mag der kleine Wald auf dem Kapellendach wie eine himmlische Offenbarung erscheinen.

Die Stein-Eichen

Stein-Eiche

Östlich der italienischen Stadt Assisi erstreckt sich der mächtige Bergrücken des Monte Subasio. Auf einer Höhe von knapp 800 m gibt es einen besonderen Ort, die Eremo delle Cárceri. In den Jahren 1206 bis 1211 hielt sich Franz von Assisi hier gerne auf, um Tage der Besinnung und Meditation zu verbringen. Ein dichter, schattenspendender Wald mit mächtigen Stein-Eichen umgibt den stillen Ort. Am Fußweg zur Einsiedelei fallen zwei Exemplare besonders auf. Wie zwei Riesen aus längst vergangenen Zeiten wachsen sie nahe beieinander unmittelbar am Weg. Markant ist der breite Stammfuß des einen Baumes, dessen mächtige Wurzelanläufe sich wie erkaltende Lavaströme über den steinigen Untergrund ergießen. In der Nähe liegende Stämme gefällter jüngerer Stein-Eichen machen eine Altersschätzung der beiden alten Bäume möglich: 600 bis 700 Jahre stehen sie hier am Pilgerpfad.

Stein-Eichen sind immergrüne Bäume mit kleinen, länglich-ovalen bis lanzettlichen Blättern. Sie bilden im westlichen Mittelmeerbereich dichte Wälder, in denen sie dominieren. Durch die starke Verschattung des Waldbodens gelingt es anderen Baum- und Straucharten kaum mehr sich zu entwickeln.
Der Steineichen-Wald ist in dieser Vegetationszone deshalb die letzte Stufe in der natürlichen Waldsukzession. Beim Verlassen des Klosters begegnet uns der Psalm:

„Groß sind die Werke
des Herrn,
zum Staunen für alle,
die daran
ihre Freude haben.“

Le chêne d'

Stiel-Eiche

In der französischen Provinz Seine-Maritime befindet sich neben der Kirche von Allouville ein besonders bemerkenswertes Baumdenkmal.
Eine uralte Stiel-Eiche verbunden mit zwei alten Kapellen, die einst in den Stamm des Baumes eingebaut wurden, genannt „Le chêne-chapelle". Das frühere Ausmaß des Baumes lässt sich nur erahnen. Es wird erzählt, dass sich einst 2000 Menschen unter dem Kronendach zur Feier einer Messe versammelt haben. Heute sind vom ehemaligen Riesenbaum nur noch der Stamm und einige große Starkäste vorhanden. Der mächtige Stamm misst in Brusthöhe einen Umfang von 10 bis 11 m, eine genaue Messung ist allerdings wegen nicht mehr vorhandener Stammteile und wegen der Anbauten kaum möglich. Aufgrund ihres Stammumfangs kann das Alter der Eiche auf 1000 bis 1300 Jahre geschätzt werden. Fehlende Stammteile sowie der gebrochene Wipfel wurden liebevoll mit Eichenschindeln verkleidet. Die Spitze der „chêne-chapelle" ziert ein Kreuz, wie sonst auf Kirchtürmen üblich.
Der Kronenrest des Baumes ist mit Stahlseilen verspannt und die mächtigen Äste sind mit eisernen Stützen vor Brüchen gesichert.
Im Parterre des damals schon hohlen Baumes, ließ im Jahr 1696 der Pfarrer von Allouville eine Friedenskapelle, die Notre-Dame de la Paix, errichten. Über eine Holztreppe, die sich um den Stamm windet, erreicht man die zweite Kapelle im ersten Stock. Die beiden Sakralräume im Innern der Eiche sind kunstvoll mit Holz vertäfelt. „Le chêne-chapelle" ist der ganze Stolz der Gemeinde Allouville-Bellefosse. Im Lauf der Zeit wurde der Baum zu einem Wallfahrtsort gläubiger Christen, interessierter Dendrologen und begeisterter Baumfreunde.
Sehr abwechslungsreich dürfte die lange Geschichte des Baumes sein, viel wird darüber spekuliert.
Eine Anekdote ist besonders bemerkenswert: Als es während der französischen Revolution galt, klerikale Spuren zu zerstören, und die Horden der Revolutionäre die Eichenkapelle niederbrennen wollten, gelang es dem beherzten Küster Jean-Baptiste Bonheur mit Raffinesse den Baum zu retten. Er soll das Schild „Notre-Dame de la Paix" abgenommen und ein neues mit der Aufschrift „Temple de la Raison" (Tempel der Vernunft) angebracht haben. Die Revolutionäre erkannten den Baum mit seinen Bauten als „im Sinne des Gesetzes" an und ließen die „chêne-chapelle" unversehrt.

Der Baum kann nur durch die bereits geleisteten umfangreichen statischen Hilfen erhalten werden und die Kapellen bedürfen häufiger Renovierungen. Ein Aufwand, der sich lohnt. Ein lebendiges Kunstwerk, eine Symbiose aus Baum und Architektur, ein Zeugnis tiefer Religiosität, verwoben mit Achtung und Respekt vor dem Wesen Baum, bleibt für künftige Generationen erhalten.

Unten | Im Alexander Valley nördlich der San Francisco Bay sind vereinzelt weit ausladende Blau-Eichen (*Quercus douglasii*) zu finden.

Rechts oben | Zahlreiche Eichen prägen die Santa Lucia Range, ein sanftes Bergland entlang der Küste.

Rechts unten | Im Süden Kaliforniens, im Apfelland Julian, sind Schneefälle selten. Mächtige Coast Live Oaks (*Quercus agrifolia*) stehen dann mit ihrem immergrünen Laubdach besonders markant in der Landschaft.

Ei

Verschiedene Eichenarten

Die Vielfalt der Baumarten in Nordamerika ist im Vergleich zu den Regionen Mittel- und Nordeuropas deutlich höher. Die europäische Artenarmut entstand durch die mehrmals wiederkehrenden Eiszeiten.
Das weit nach Süden vordringende arktische Polareis und die Gletschermassen der in Ost-West-Richtung verlaufenden Gebirge der Alpen grenzten viele Arten sehr stark ein und löschten sie schließlich aus.
Völlig anders war die Situation in Nordamerika.
Das mächtige Gebirgsmassiv der Rocky Mountains verläuft in Nord-Süd-Richtung. Die Baumarten konnten in eisfreie Gebiete in Richtung Golf von Mexiko oder westlich der Gebirge auf die niederkalifornische Halbinsel ausweichen, um nach der Eiszeit wieder in die ursprünglichen Quartiere zurückzukehren.
Entsprechend vielfältig ist die Zahl der heute in Nordamerika heimischen Baumarten, allein fast 70 Eichenarten kommen in den Vereinigten Staaten vor.
In Kaliforniens Naturlandschaften sind 19 Eichenarten in nahezu 30 unterschiedlichen Varietäten zu finden.
Von Nord-Kalifornien bis zur mexikanischen Grenze, von den Bergen der pazifischen Coast Range bis zu den „Foothills" der Sierra Nevada sind die Eichenbestände zu finden. Im ausgedehnten San Joaquin Valley mussten die Bestände weitgehend der intensiven

Landwirtschaft weichen.
Die kalifornische Eichenvegetation wird in drei unterschiedliche Erscheinungsformen unterteilt.
Die dichten Baumeichenbestände der „Forest Communities" und die zahlreichen Straucheichenarten der trockenen „Chaparral Communities" sind botanisch sehr interessant.
Die „Woodland and Savanna Community", das sanft hügelige Grasland mit solitären Eichen und kleinen Eichengruppen, manchmal soweit das Auge reicht, ist jedoch die eigentliche Ideallandschaft für Baumfreunde.

Unten | Im Norden Louisianas bei St. Francisville wurden viele Virginianische Eichen entlang von Wegen gepflanzt.

Rechts oben | Mächtige Virginianische Eichen sind in der Gegend von New Iberia zu finden.

Rechts unten | Den Weg zur Oak Alley Plantation begleitet eine der prächtigsten Alleen Nordamerikas.

Live Oak – Sym
Si

olbaum des tiefen
dens der USA

Quercus virginiana

Familie | Buchengewächse (*Fagaceae*)

Virginianische Eiche

Die Landschaft des tiefen Südens der USA wird mit einer besonderen Baumart, der Virginianischen Eiche, in Verbindung gebracht. Ihre Heimat ist die untere Küstenebene der Südstaaten der USA von Südost-Texas bis Florida und hinauf bis Südost-Virginia.
Die englische Bezeichnung Live Oak charakterisiert den immergrünen Zustand des Baumes. Zwar bleiben nicht alle Blätter bis zum erneuten Austrieb im Frühjahr am Baum, aber für die weißen Siedler mag der im Winter dennoch grüne, lebendige Zustand des Baumes der Grund für die Namensgebung gewesen sein. Seine Blätter sind klein, ledrig und spitzlanzettlich, angepasst an die große Hitze des Sommers. Die Bäume wachsen, bedingt durch das ideale Klima und die nur kurze Vegetationsruhe im Winter, sehr schnell. Durch ihre weit ausladenden Kronen und die meist mächtigen Stämme wirken sie sehr alt, was durch den Behang mit Greisenbart (*Tillandsia usneoides*, Louisianamoos) noch verstärkt wird. Das Holz der Bäume ist ungewöhnlich hart und war zum Bau von Schiffsrümpfen sehr begehrt, denn die Flottenbauer gingen davon aus, dass aufgrund der Härte des Holzes sogar feindliche Kugeln abprallen. Damit war die großflächige Abholzung natürlicher Eichenbestände besiegelt.
Die heute wohl meistbesuchte Landschaft Louisianas ist das Plantation County am Unterlauf des Mississippi. Die stattlichen Herrenhäuser der ehemaligen Baumwollplantagen sind oft von schönen alten Live Oaks umgeben. Bei Vacherie ist die nach ihrer Eichenallee benannte Oak Alley Plantation zu finden. Im frühen 18. Jahrhundert pflanzte ein französischer Siedler die 28 Eichen entlang des Weges zum Mississippi. Heute steht dort eine der prächtigsten Alleen Nordamerikas. Der breite Weg zum Fluss wird vom Kronendach der Bäume überdeckt.

Die E

Edel-Kastanie

Im Süden der englischen Grafschaft Somerset befindet sich das noble, im elisabethanischen Stil erbaute Herrenhaus Montacute. Das Haus stammt aus der Zeit des späten 16. Jahrhunderts, auch der daran anschließende Garten hat in Grundzügen seinen Ursprung in dieser Zeit, wurde aber immer wieder verändert. Zahlreiche exotische Bäume sind in den Gartenanlagen zu finden. Doch besonders bemerkenswert sind einige alte Edel-Kastanien (*Castanea sativa*) in unmittelbarer Nähe der beiden wunderschönen Gartenpavillons. Ein wahrlich edles Ensemble: vornehmste architektonische Raffinesse zusammen mit sich schwungvoll verdrehenden Kastanienstämmen, umfasst von eiförmig geschnittenen Eibenalleen. Der spiralig gedrehte Stamm der Edel-Kastanie ist aber nicht ungewöhnlich, sondern typisch für die Art.
Ursprünglich war die Edel-Kastanie in England nicht heimisch, römische Siedler sollen sie mit auf die Insel gebracht haben. Sie ist frostempfindlich, gedeiht aber im milden, vom Golfstrom bestimmten Klima Südenglands gut. Da die Edel-Kastanie seit Jahrtausenden ein wichtiger Kulturbaum ist, kann ihre einstige natürliche Verbreitung nicht genau bestimmt werden. Der kleinasiatische Raum, die Kaukasusländer, der Balkan, die Länder Südeuropas und Nordafrikas werden als ihre natürliche Heimat angesehen.
Systematisch ist der Begriff Kastanie verwirrend, denn sie ist mit der Rosskastanie (*Aesculus hippocastanum*) nicht verwandt, diese bildet eine eigene Baumfamilie. Die Edel-Kastanie (*Castanea sativa*), oft auch Ess-Kastanie oder Marone genannt, gehört gemeinsam mit den Eichen und Buchen zur „Großfamilie“ der Buchengewächse (Fagaceae). Edel-Kastanien können bis 30 m hoch werden und bilden häufig eine weit ausladende Krone. Die 15 bis 30 cm langen Blätter sind lanzettlich geformt mit spitz gezähnten Rändern. Edel-Kastanien sind üppig blühende Bäume, sie sind einhäusig. Ihre getrenntgeschlechtlichen Blüten erscheinen im späten Frühjahr.
Die langen, weißlich-gelben, männlichen Blütenkätzchen treten in großer Zahl auf. Die weiblichen Blüten sind klein und unscheinbar. Aus ihnen entwickeln sich die stacheligen Fruchtschalen, in deren Innerem die braunen Maronen heranreifen.

Unten | Die große Edel-Kastanie von Tortworth.

Rechts | Ein junger Stamm, der sich auf einem niedergebrochenen alten Ast gebildet hat.

Die große Kas

anie von Tortworth

Castanea sativa

Familie | Buchengewächse (*Fagaceae*)

Edel-Kastanie

In der Nähe der Pfarrkirche von Tortworth in der englischen Grafschaft Gloucestershire befindet sich ein Baum, dessen Existenz über Jahrhunderte hinweg umfangreich dokumentiert wurde. Thomas Pakenham, Vorsitzender der Irish Tree Society, hat in seinem 1997 erschienenen Buch „Meetings with Remarkable Trees" historische Aufzeichnungen zusammengetragen.
Als Grenzbaum, der bereits im 12. Jahrhundert existierte, wurde er 1664 von John Evelyn beschrieben. Evelyn war ein hervorragender Baumkenner und Gärtner. Sein Buch „Sylva or a Discourse on Forest Trees" galt über ein Jahrhundert als Standardwerk über Bäume in England.
1712 berichtet Sir Robert Atkyn in seinem Buch „Ancient and Present state of Gloucestershire":
„Es gibt einen bemerkenswerten Kastanienbaum, der im Garten eines Herrenhauses wächst, von dem man sagt, dass er schon während der Herrschaft von König John im 13. Jahrhundert hier wuchs. Er hat einen Umfang von 19 Yards und scheint aus mehreren Bäumen zu bestehen, die ineinander verwachsen sind. Junge Bäume wachsen immer noch neu auf, die beizeiten mit dem alten Baumkörper verbunden sein werden."
Im „Gentleman's Magazine" von 1762 und 1766 schrieb Peter Collinson, damals führender englischer Hobbydendrologe, dass die große Kastanie in Tortworth der älteste, wenn nicht der dickste Baum in England sei. Er datiert seinen Ursprung auf der Grundlage einer unsicheren Schätzung auf das 9. Jahrhundert: „Ich darf wohl mit Grund sein Hervorbrechen aus der Nuss auf das Jahr 800 in der Zeit der Regentschaft von König Egbert festlegen."

Vor vielen Jahren wurde der Baum eingezäunt, um ihn vor Rindern und Schafen zu schützen. Heute tritt man durch ein kleines Tor zu ihm. Auf einer Tafel vom 1. Januar 1800 wird das Alter des Baumes mit 600 Jahren angegeben. Der Urstamm des Baumes ist umgeben von einem kleinen Kastanienwäldchen. Ein Teil der kleineren Bäume sind Sprösslinge aus den Früchten des alten Baumes. Immer wieder und wohl schon vor Jahrhunderten brachen große Äste und Teilstämme vom Baum, ohne sich vollständig vom Stamm zu lösen. Sie blieben mit dem alten Baum verbunden und wurden von ihm mit Nährstoffen versorgt. Aus Trieben, die auf diesen

jetzt horizontal liegenden großen Ästen entsprangen, haben sich wieder mächtige, vertikale Stämmlinge entwickelt. So entstand im Laufe der Jahre ein Baumwesen, dessen Kronendurchmesser heute etwa 50 m beträgt.

Unten | Die uralte Edel-Kastanie „Castagno Miraglia" in den Wäldern des italienischen Nationalparks „Foreste Casentinesi".

Rechts oben und unten | Bezaubernde Edel-Kastanien mit markanten Stämmen sind im Castagneto nahe der Einsiedelei Eremo di Camaldoli zu bewundern.

Castagno Miraglia

Castanea sativa

Familie | Buchengewächse (*Fagaceae*)

Edel-Kastanie

An sonnigen, milden Südhängen im italienischen Nationalpark Foreste Casentinesi bilden Edel-Kastanien Reinbestände oder treten als mächtige Einzelbäume in Mischbeständen auf. In der Nähe der Einsiedelei Eremo di Camaldoli befindet sich ein ausgedehnter Kastaniengarten, der Castagneto. Wegen der begehrten Maronen wurden die Edel-Kastanien hier einst gepflanzt. Auch heute noch wird der Bestand liebevoll gepflegt. Verborgen im Wald steht eine riesige, uralte Edel-Kastanie, die „Castagno Miraglia".
Der Baum ist völlig hohl, sein riesiger, leicht gedrehter Stamm ist offen und hat in Brusthöhe einen Umfang von fast 11 m.
Edelkastanien-Wälder und Mischwälder, in denen die Edel-Kastanie eine wichtige Baumart ist, gibt es ursprünglich in verschiedenen Regionen der Mittelmeerländer und der Balkanstaaten. Nicht immer ist offensichtlich, ob es sich um natürliche Wälder oder um verwilderte Kulturbäume handelt, die sich im Laufe von Jahrhunderten um menschliche Siedlungen herum ausgebreitet haben. Auch in Gegenden, in denen die Edel-Kastanie nicht heimisch ist, findet man sie gepflanzt oder verwildert in den Wäldern. Dazu gehören Gebiete im Süden Österreichs, in Südtirol, im Tessin, in Frankreich sowie im Südwesten Deutschlands. Alte Kastaniengärten befinden sich auch auf Madeira und auf den Kanarischen Inseln.
Durch Züchtung und Veredlung konnten immer größere Maronen gewonnen werden. Die stärkehaltige

Marone war in vielen Regionen wichtiges Grundnahrungsmittel. Heute ist sie in der modernen Naturküche wieder sehr populär, ganze Kochbücher werden mit variantenreichen Kastanienrezepten gefüllt.
Auch als Holzlieferant spielte die Baumart eine wichtige Rolle. Ihr Holz ist weitgehend resistent gegen Nässe und Fäulnis, deshalb wurde es gerne zur Herstellung von Rebenpfählen für den Weinbau genutzt. Im Schiffsbau und zur Produktion von Fässern war das Holz begehrt. Nachdem die umstrittene Anwendung giftiger Holzschutzmittel stark rückläufig ist, findet das fäulefeste Edelkastanien-Holz in vielen Bereichen verstärkt Verwendung.
In den letzten Jahrzehnten sind die Kastanienbestände durch eine gefährliche, sich immer weiter ausbreitende Pilzkrankheit, den so genannten Rindenkrebs (*Cryphonectria parasitica*) bedroht. Der Pilz zerstört zunächst einzelne Astpartien oder die Wipfelregion der Bäume und schließlich den gesamten Baum.

Unten | Ein mächtiger Ombú befindet sich im Albertpark in der neuseeländischen Hauptstadt Auckland. Sein Stamm ist hohl und das weiche Holz der massiven Wurzelanläufe ist an vielen Stellen beschädigt.

Rechts | Der Ombú in den Huntington Botanical Gardens in San Marino, Kalifornien, wurde im Jahr 1912 gepflanzt.

Ombú – der Elefa

Phytolacca dioica

Familie Kermesbeerengewächse (*Phytolaccaceae*)

Ombú

Manche Bäume fallen besonders durch ihre eigenwillige Form auf. Der breite ungewöhnliche Stammfuß des Ombú (Zweihäusige Kermesbeere) erinnert an einen riesigen, liegenden Elefanten der sich weit über die Erde ausgebreitet hat. Der mächtige Stamm kann knapp über der Erde einen Umfang von bis zu 15 m erreichen. Der Baum wächst sehr schnell, sein Holz ist eher schwammig und nicht sehr fest. In den Zellen seines voluminösen Stammfußes kann er große Mengen Wasser speichern. Aus diesem eigenartigen Stammfuß bilden sich meist mehrere Stämmlinge, noch in der Altersphase entstehen immer wieder neue Sprosse neben den dicken Stämmen.
Die immergrünen Blätter sind ganzrandig, ledrig und zeigen eine ausgeprägte Mittelrippe. Wie ein breiter Schirm wirft seine dichte Krone einen tiefen Schatten. In seinem südamerikanischen Herkunftsgebiet wird er deshalb Bella Sombra (schöner Schatten) genannt. Die weißlich-grünen Blüten erscheinen in langen Trauben.
Der Saft des Ombú ist giftig, deshalb wird er vom Weidevieh nicht verbissen, selbst gegen die Heuschreckeninvasionen scheint er immun zu sein. Er ist ein beliebter Parkbaum in den tropischen und subtropischen Regionen der Erde. Seine Heimat ist die Pampa, eine weiträumige ebene Grassteppe, die sich von Zentral-Argentinien bis ins westliche Uruguay erstreckt.
Der Ombú (*Phytolacca dioica*) wird manchmal mit einer anderen Baumart, dem Caldén (*Prosopis caldenia*), verwechselt. Auch der Caldén, der zu den Mimosengewächsen (Mimosaceae) gehört, hat seine Heimat in der Pampa und bildete einst umfangreiche Waldbestände. Heute wird in den ehemals weiträumigen Naturlandschaften der Pampa intensive Rinderzucht sowie großflächig Getreideanbau betrieben. Fremde Bäume wie die kalifornische Monterey-Kiefer und der australische Eukalyptus werden in ausgedehnten Baumplantagen kultiviert.

Bilder | Im „hohen" Norden Namibias, am Kunene, Kavango und im Caprivistreifen, sind zahlreiche Baobabs zu finden. Einer der sanften Riesen befindet sich weit südlich des genannten Areals allein im Buschland etwa 40 km östlich von Tsintsabis.
Der mächtige Riesenbaum besteht aus zwei Stämmen, gemeinsam erreichen sie einen Umfang von mehr als 18 m. Der Baum trägt durch zahlreiche Verletzungen von Tieren viele Narben am Stammfuß.

Die sanften R

Baobab

Der mächtige Baobab ist zweifelsfrei die berühmteste Baumart Afrikas. Die sanften Riesen sind die erhabenen Solitärbäume der Savanne und des trockenen, heißen Buschlandes. Das Vorkommen des Baobabs (*Adansonia digitata*) erstreckt sich etwa zwischen dem jeweils 20. Breitengrad nördlich und südlich des Äquators. Die Arealgrenze liegt im Norden zwischen dem Senegal und Äthiopien, im Süden zwischen Nordnamibia und der nördlichen Kapprovinz. Auf Madagaskar kommen sechs weitere Baobabarten vor. Meist sind alte Baobabs breiter als hoch, sie können eine Höhe von 15 m erreichen, seltene Baumriesen werden über 20 m hoch. Die eigentliche Sensation ist der massive Stamm der sanften Riesen, dessen Umfang bei besonders alten Exemplaren mehr als 30 m erreichen kann.

Die Rinde des Baumes ist auffallend glänzend, grau, weich, stark gewulstet und oft tief gekerbt. Während der langen Phase der Trockenzeit ist der Baum blattlos. Im späten Frühling, kurz vor Beginn der Regenzeit, erscheinen seine Blätter. Sie sind gefingert, wie es die aus dem Lateinischen stammende Artbezeichnung *digitata* andeutet, erinnern an eine ausgespreizte Hand und bestehen aus drei bis neun ganzrandigen Einzelblättchen. Während des Blattaustriebs erscheinen auch die großen, wachsweißen Blüten mit bis zu 20 cm Durchmesser, die wie Schirme im Baum hängen. Die Blüten verbreiten einen unangenehmen Geruch und werden nachts von Fledermäusen bestäubt. Aus den kugeligen Fruchtknoten entstehen eiförmige Früchte erheblicher Größe, 12 bis 15 cm kann ihr Durchmesser betragen. Sie sind umgeben von einer harten, hölzernen Schale und überzogen von einem gelblichgrauen, samtigen Haarfilz. Im weißlichen, pudrigen Fruchtmark sind die Samenkerne eingebettet.

Der botanische Artname erinnert an den französischen Botaniker und Zoologen Michel Adanson, der den Baobab nach seiner Senegalreise in den Jahren 1748 bis 1753 ausführlich beschrieben hat.

De

Baobab

Immer wieder entdeckt man in den schier unendlichen Weiten des Buschmannlandes die mächtigen Kronen vereinzelter Baobabs. Sie bilden keinen Wald, sondern sie überragen mit ihren mächtigen Kronen den dichten Busch der Ringelschoten-Akazien (*Acacia tortilis*, Drehfrüchtige Akazie), Ahnenbäume (*Combretum imberbe*), Gelbholzbüsche (*Terminalia sericea*), Marulabäume (*Sclerocarya birrea*) und anderer Baum- und Straucharten. Die Regenzeit hat begonnen und hat die erbarmungslose Hitze in eine fast unerträgliche Schwüle verwandelt. Unser Ziel ist ein Riesenbaobab: Der Makuri Grootboom. Der Weg ist schwierig, sandig, matschig und die Gefahr sich zu verirren ist groß, denn nur die Baobabs bilden Landmarken im weiten, ebenen Buschland.
Immer wieder säumen mächtige Einzelbäume oder kleine Baobabgruppen unseren Weg.
Endlich erreichen wir unser Ziel. Der erste Anblick raubt uns die Worte. Ein unvorstellbarer Anblick: ein Baum, mehr noch ein Dom, eine Ansammlung mehrerer dicht gedrängter Stämme und doch nur ein einziger Baum. Immer wieder umschreiten wir den Baum. Erst nach dem Umspannen mit dem Maßband wird uns die Dimension dieses riesigen Baobab begreifbar, mehr als 30 m beträgt sein Stammumfang. Es ist bekannt, dass der Umfang des Baobabstammes schwanken kann, je nach dem wie viel Wasser sein Stamm enthält. Jetzt, zu Beginn der Regenzeit, nach dem vollen Austrieb der Blätter, muss sein mächtiges Wasserreservoir leer sein, am Ende der Regenzeit wird er ein paar Meter mehr umfassen. Nicht nur sein Stamm ist gigantisch, auch seine riesigen Äste strecken sich mit unvorstellbaren Holzmassen in den Himmel. Mit seiner Höhe von fast 25 m erreicht er für einen Baobab ein extremes Maß.
Das genaue Alter einzelner Baobabs in Afrika wurde mit Hilfe der relativ zuverlässigen Radiokarbon-Methode datiert. So kann ein Baobab mit einem Stammdurchmesser von 8 m 3000 Jahre alt sein. Auf dieser Grundlage kann das Alter des Makuri Grootbooms auf mehr als 3000 Jahre geschätzt werden.

Bilder | Jeder Versuch, den Stammumfang des mächtigen Djokhoe-Holbooms zu erfassen, scheitert, denn es ist keine geeignete Messhöhe zu finden. Das extreme Maß seines Kronendurchmessers beträgt 37 m. Der Baum scheint vor langer Zeit teilweise auseinander gebrochen zu sein, ein riesiger Hohlraum im Innern des Stammes wurde dadurch offengelegt. Wir begegnen einer Gruppe von Raleigh International aus Irland. Erst als sich die jungen Leute im Stamm des Baumes versammeln, wird es dem Fotografen möglich, die Dimension des Baumes zu vermitteln.

Djokhoe Holboom

Adansonia digitata

Familie | Wollbaumgewächse (*Bombacaceae*)

Baobab

Seine hohe Vitalität macht den Baobab zu einem der langlebigsten Baumwesen der Erde. Die Stämme alter Baobabs sind oft hohl, doch ihre Statik wird dadurch kaum beeinträchtigt, selbst ein Feuer im Innern des Stammes vermögen sie zu überleben. Manchmal brechen sie auseinander, aber auch dann können sie wieder mächtige neue Stämme bilden und noch viele Jahrhunderte leben. Um die lange Trockenzeit zu überleben, speichern alte Baobabs beträchtliche Mengen Wasser in den Holzzellen ihrer Stämme. Forschungsreisende berichteten, dass die Buschleute den Wasservorrat im Stamm des Baumes mit langen Grashalmen gekonnt anzapften, um an das wertvolle Nass des Baumes zu gelangen. Mit den Trinkhalmen erreichten sie jedoch nicht die Speicherzellen des Baumes, sondern vielmehr verborgene Hohlräume, in denen Regenwasser zusammen gelaufen war. Weniger behutsam ist die Vorgehensweise der Elefanten. Mit ihren Stoßzähnen rammen sie Löcher in die weichen Stämme und entreißen oft große Partien des feuchten, faserigen Holzes. Normalerweise wächst die Rinde schnell wieder nach, doch manchmal kollabieren die sanften Baumriesen infolge des Zerstörungswerks der dickhäutigen Riesensäuger.
Das fleischige Fruchtmark und die Samenkerne im Innern der harten Fruchtschale werden von Pavianen gerne gefressen, daher stammt der deutsche Name „Affenbrotbaum“. Das weißliche, säuerlich schmeckende Fruchtfleisch enthält Zitronen- und Weinsäure, es ist eine wichtige Vitaminquelle im Nahrungsplan der Buschleute. Die Samen mit ihrem hohen Eiweiß- und Fettgehalt sind ebenfalls essbar und werden unter anderem mit Hirse zu wertvollen Speisen verarbeitet. Unter der Rinde des Baobabs befindet sich der faserige Bast, er eignet sich zur Herstellung von Seilen, Netzen und Matten.

Unsterblich

Winter-Linde und Sommer-Linde

Die Sommer-Linde (*Tilia platyphyllos*) hat ihr natürliches Verbreitungsgebiet im zentralen Europa, die Winter-Linde (*Tilia cordata*) besiedelt die eher kontinentalen Gebiete des mittleren und östlichen Europas.
Beide Lindenarten entwickeln sich zu hohen und weit ausladenden Bäumen, wobei die Winter-Linde in der Regel etwas kleiner und schmäler als die Sommer-Linde wird. Diese kann eine stattliche Höhe von mehr als 35 m und eine Breite von bis zu 25 m erreichen.
Eine gute Unterscheidungsmöglichkeit bieten die Blätter der zwei Lindenarten. Die Unterseite des Sommerlinden-Blattes ist flaumig behaart. Bei der Winter-Linde bilden sich nur in den Blattnervenwinkeln kleine, braune Haarbüschel auf der sonst kahlen Blattunterseite.
Der liebste Baum meiner Kindheit war eine mächtige Winter-Linde. Fast 30 m ragte sie ganz nahe am elterlichen Forsthaus in den Himmel. Viele Tage verbrachte ich in ihrer Krone, sie wurde mein eigentliches Zuhause. Dieser mächtige Baum lehrte mich die Statik der Bäume verstehen, zeigte mir, wie weit sich die Äste biegen lassen, welche Äste brechen und wie sie brechen. Ich lernte die vielen Insekten und Vögel kennen, die diese Linde besuchten.
Im Juni, nach den ersten heißen Sommertagen, geschah immer wieder neu das großartige Wunder der Lindenblüte. Über Nacht brachen die unzähligen Knospen auf und der wohlriechende, süße Duft durchströmte die Krone, unseren Garten und mein Zimmer im Haus. Millionen von Bienen nährte nun die Linde, und das Summen der Honigsammlerinnen endete in den milden Nächten nicht. Jahrzehnte später bekam ich ein Gedicht von Ina Seidel gereicht und all die schlummernden Erinnerungen an die alte Linde meiner Kindheit erwachten:

Doch blau und leuchtend wird der Sommer stehn
Und wird mit seinem süßen Atemwehn
Gelind die arme Menschenbrust entbinden.
Wo kommst du her?
Wie lang bist du noch hier?
Was liegt an dir?
Unsterblich duften die Linden.

Heute besuche ich gerne einen geheimnisvollen Platz, einen heiligen Berg über der Donau. Der Weg hinauf ist gesäumt von mächtigen Linden, und oben laden einzeln stehende Bäume zum Verweilen ein.

Unten | Die uralte Wolframslinde befindet sich in Ried am Haidstein im Bayerischen Wald. Die Krone und der Stamm sind weitgehend zerbrochen. Der Kronenrest wird von Eisenstützen getragen und so kann der Besucher in verschiedenen Richtungen durch den Baum schreiten.

Rechts | Die Tassilolinde nahe dem bayerischen Kloster Wessobrunn präsentiert sich als echter Generationenbaum. Reste des alten, greisen Stammes sind noch vorhanden. Die derzeitige Krone wird von mehreren Stämmen der mittleren Generation getragen. Am Stammfuß bilden sich längst wieder die Stockausschläge oder Stämmlinge der künftigen Generation. Der offene Stamm des Baumes zeigt in Brusthöhe einen Umfang von 14,5 m.

Winter-Linde und Sommer-Linde

Viele Bäume können ein Alter von mehreren 100 Jahren erleben, manche erreichen mehr als 1000 Jahre. Einige unter diesen Baumgreisen scheinen sogar mit einem ewigen Leben gesegnet zu sein. Die Linden zählen zu diesen „ewigen Bäumen". Viele Jahrhunderte wachsen sie, strecken ihre Äste und Zweige in den Himmel, um möglichst viel Luftraum zu erobern. Doch dann beginnt die Linde allmählich, ihre Äste abzuwerfen, auseinander zu brechen, Stamm und Krone kehren wieder zum Boden zurück. Bereits während des Auseinanderbrechens der Krone beginnt sie, aus schlafenden Augen am Stammfuß neue Triebe zu bilden. Das nach und nach zu Humus werdende Holz der abgebrochenen Äste nährt die neuen Triebe und das mehr und mehr bis zum Boden dringende Licht lässt aus den Trieben rasch neue Stämmlinge heranwachsen. Durch das stetige Dickenwachstum kommt es bald zu Drängeleien und Ausbrüchen, nur wenige der stärksten Triebe bleiben und können sich zu neuen Stämmen entwickeln. Nach vielen Jahren ist eine neue Krone entstanden, der Prozess des Alterns, Abbauens und Zerbrechens beginnt erneut, und wieder wird sich vom Stammfuß her ein neuer Baum entwickeln. So entsteht ein ewig lebender Generationenbaum, dessen Alter nicht einmal annähernd geschätzt werden kann, selbst eine Schätzung in welcher Generation der Baum lebt, ist kaum möglich.

Doch ein Ende droht dennoch, denn die Linde braucht viel Wärme. Gravierende klimatische Veränderungen setzten schon in früheren Zeiten dem Kreislauf vom immer neuen Lindenleben ein Ende. Bereits viermal bedrängten die von Norden heranrückenden Eismassen und Gletscher der Eiszeiten die Verbreitungsgebiete der Linden. Sie mussten für Jahrtausende in südöstliche „Überwinterungsquartiere" ausweichen, um sich dann in den wärmeren Zwischeneiszeiten wieder nach Norden auszubreiten. Da wir uns klimatisch wieder auf eine Eiszeit zubewegen, befindet sich die Linde erneut auf dem Rückzug. Der seit einigen Jahrzehnten zu beobachtende, vom Menschen verursachte Treibhauseffekt und die damit verbundene Erwärmung der unteren Atmosphäre könnte jedoch die langfristig prognostizierten, klimabedingten Pflanzenwanderungen völlig durcheinander bringen.

Unten | Das fränkische Dorf Limmersdorf besitzt noch eine alte Tanzlinde am Platz neben der Kirche. Am letzten Sonntag im August wird die traditionelle „Lindenkirchweih" abgehalten. Nicht ohne Stolz bekunden die Limmersdorfer die nie abgebrochene Tradition des Tanzes in und unter ihrer Linde. Der Baum wird mit großem Aufwand vom örtlichen Lindenverein liebevoll gepflegt.

Rechts | In Effeltrich prägt eine alte Dorflinde die Ortsmitte neben der mittelalterlichen Wehrkirche. Ihre niedrige, weit ausladende Krone wird von einem zweireihigen Balkengerüst mit 24 Stützen getragen. Der Lindenplatz ist mit einer niedrigen Sandsteinmauer eingefasst. Der Stamm des Baumes ist seit langem hohl, auch die mächtigen Äste sind völlig ausgehöhlt und nach oben offen. Dennoch macht die uralte Linde einen sehr vitalen Eindruck und bringt noch immer zahlreiche, lange Jahrestriebe hervor. Die Höhlung des Stammes wurde mit kunstvoll gefertigten, schmiedeeisernen Gittern geschlossen.

Tanzlinden

Tilia platyphyllos

Familie | Lindengewächse (*Tiliaceae*)

Sommer-Linde

In vielen Regionen Mitteleuropas waren einst alte Linden auf den zentralen Plätzen der Dörfer zu finden. Besonders in Deutschland schmückten mächtige Linden die Dorfplätze. Einige hundert Ortsnamen zeugen noch heute vom einst verbreiteten „Lindenbewusstsein". Der Lindenplatz war der Ort der Begegnung und der Kommunikation, der Treffpunkt der Musikanten und der Tanzenden. Nach dem sonntäglichen Gottesdienst traf man sich unter der Dorflinde, viele Linden wurden zum Schattenspender der Wirtsgärten. Die Linde war Abenteuerspielplatz der Kinder, Treffpunkt der Dorfjugend und Versammlungsplatz des Gemeinderats, sie wurde zum schweigenden Zeugen aller Dorfangelegenheiten.
In Franken, Thüringen und Teilen Sachsens gab es jedoch eine besondere Tradition, den Tanz unter oder mancherorts den Tanz in den Linden. Die Linden wurden künstlich in die Breite gezogen und die weit ausladenden Äste liebevoll mit Eichen- oder Steinsäulen gestützt. Auf dem Astgerüst der ersten Etage wurde ein Tanzboden eingerichtet. Die seitliche Einfassung der „Lindenzimmer" bildeten Holzbrüstungen, die mit geleiteten Lindentrieben geschlossen wurden. Die oft geräumige Tanzetage bot neben den tanzenden Pärchen auch der Musikkapelle ausreichend Platz. Um das Lindenzimmer zu erreichen, wurden einfache Holztreppen errichtet oder aufwändige Steintreppen gebaut. Zweifellos gab es unter den Dörfern nicht nur den Ehrgeiz, sich der schönsten Mädchen zu rühmen, sondern auch die markanteste Tanzlinde zu besitzen. Das Fest der Linde war meist der Kirchweihtag, ein Tag besonderer Fröhlichkeit und Ausgelassenheit im arbeitsreichen Alltagsleben der Dorfbevölkerung.

Die Hängewe

Salix babylonica

Familie | Weidengewächse (*Salicaceae*)

Chinesische Hänge-Weide

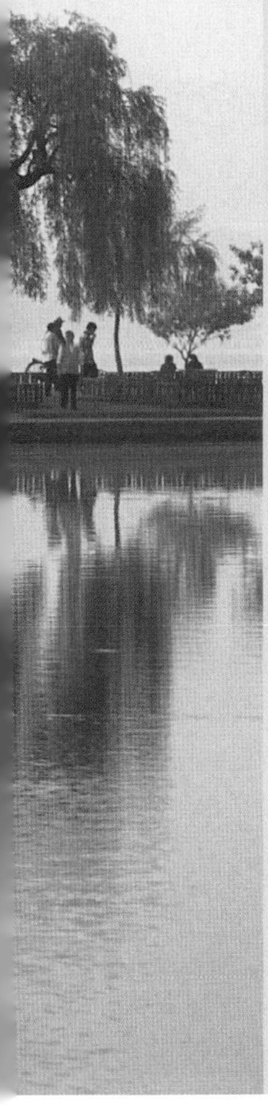

Der botanische Artname gibt häufig einen Hinweis auf die Herkunft, die ursprüngliche Heimat eines Baumes. Bei der Chinesischen Hänge-Weide (*Salix babylonica*) ist der Hinweis „aus Babylon stammend" nicht richtig, denn nicht die Stadt am Euphrat ist die Heimat des Baumes, sondern China. Etwa um 1730 wurde der Baum auch nach Europa eingeführt. Die mittelgroße Weide hat eine weit ausladende, eher gedrungene Krone. Die braunen Zweige hängen weit über und erreichen den Boden. Sie ist etwas frostempfindlich. Bei der leicht mit ihr zu verwechselnden Trauer-Weide (*Salix × chrysocoma*) handelt es sich um eine andere Art, ihre Zweige sind leuchtend grünlich-gelb. Sie ist sehr frosthart und heute in den Parks und Gärten Europas und Nordamerikas weit verbreitetet.
Die chinesische Millionenstadt Hangzhou liegt am Ufer des viel besungenen Westsees. Vor etwa 1000 Jahren wurden durch Aufschüttungen kilometerlange Dämme und künstliche Inseln im See errichtet.
So entstand das Vorbild einer Seenlandschaft, die in der chinesischen Gartenkunst gerne nachgeahmt wurde. Die mit Alleen der Hänge-Weide (*Salix babylonica*) bepflanzten Deiche sind beliebte Spazierwege für unglaublich viele Menschen. Am frühen Morgen liegt die Skyline der modernen Stadt noch im Dunst verborgen, doch an den Ufern und auf den Dämmen des Sees haben sich bereits viele Menschen zum täglichen Schattenboxen eingefunden. Das chinesische Schattenboxen oder Tai-Chi-Chuan ist eine traditionelle Bewegungsmeditation, in der sich geistige Konzentration, gleichmäßige Bewegungsabläufe und ausgeglichene Atmung vereinigen. Ein Ausdruck des höchsten Prinzips, das den Menschen mit den Kräften von Himmel und Erde verbindet. Die stille, monochrome Landschaft und die Bäume, die den See mit dem Himmel verbinden, steigern die meditative Hingebung der Menschen spürbar.

Moringa – der Wurf

Moringa

Im Etosha-Nationalpark, im Norden Namibias, gibt es eine seltsame Baumlandschaft. Eigenartige Bäume mit merkwürdig gedrungenen und geschwollenen Stämmen stehen einzeln oder in kleinen Gruppen verstreut in der flachen, staubigen Savanne. Dieser so genannte Märchenwald umfasst eine Fläche von etwa 1 km^2. Die Buschmänner erklären das merkwürdige Aussehen der Bäume mit einer anschaulichen Legende: „Als Gott den Garten Eden erschaffen hatte, wollte er die missratenen, hässlichen Moringabäume nicht im Paradies haben. Er riss sie wieder aus und warf sie in hohem Bogen davon. Die Bäume fielen mit der Krone voraus auf die Ebene westlich von Okaukuejo und wuchsen fortan mit den Wurzeln in den Himmel.“

Der Moringa kommt ausschließlich in Namibia, im Bereich zwischen den Naukluftbergen und dem Ovamboland, vor. Meist steht er einzeln auf felsigen Berghängen, seltener ist er auch in kleinen Gruppen in der Namib zu finden. Der bis zu 7 m hoch wachsende Baum präsentiert sich oft mit einem verdickten Stammfuß. Diese Verdickung dient der Verbesserung der Statik, denn das Holz des Baumes ist brüchig und weich, und heftige Stürme können ihn leicht zerstören. Die Rinde ist glänzend, blass, weißlich-grau bis kupferfarben. Die großen, aus einzelnen, ovalen Fiederblättern zusammengesetzten Blätter erscheinen im Frühling vor Beginn der Regenzeit.

Der seltsame Märchenwald im Etosha-Nationalpark ist die größte Ansammlung von Moringas mit über 1000 Exemplaren. Diese Bäume werden von zahlreichen Tieren wie Giraffen, Kudus und Elefanten verbissen. Der häufige und massive Verbiss erklärt die in der Legende der Buschmänner angedeutete ungewöhnliche Erscheinungsform. Eine natürliche Bestandsverjüngung ist kaum vorhanden, weshalb ein etwa vier Hektar großes Areal des Märchenwaldes eingezäunt wurde, um die Bäume vor den Tieren zu schützen. Doch auch innerhalb des Zaunes verjüngt sich der Bestand kaum. Biologen gehen davon aus, dass ein natürlicher Nachwuchs nur sehr selten möglich ist, und zwar nur dann, wenn es in mindestens drei aufeinander folgenden Regenzeiten große Regenmassen gibt. Hier wird deutlich, wie groß die Zeitspannen sind, in denen sensible und extrem angepasste Ökosysteme ihren natürlichen Kreislauf schließen.

Die Judasb

Judasbaum

Im Nordwesten der griechischen Halbinsel Peloponnes befinden sich die Ruinen des einstigen Heiligtums Olympia. Der Ort war seit der Bronzezeit besiedelt und diente während der mykenischen Epoche bereits als Kultstätte. Die frühesten Tempelbauten wurden in der Mitte des 7. Jahrhunderts v. Chr. errichtet. Der Hauptbau, der Tempel des olympischen Zeus, wurde etwa 460 v. Chr. erbaut. Zu Ehren des Zeus fanden hier einst die Olympischen Wettkämpfe statt. Ein Erdbeben zerstörte im 6. Jahrhundert n. Chr. die Anlage.
Überflutungen durch den nahe gelegenen Fluss Alpheios brachten in den darauf folgenden Jahrhunderten große Sandmassen in den Tempelbezirk und begruben nach und nach die Ruinen. Ab 1875 wurden die alten Anlagen Olympias wieder ausgegraben. Heute besuchen viele Menschen diese einst heilige Stätte. Im Frühjahr erblühen zwischen den stehenden Säulen und den massiven, liegenden Säulentrommeln viele prächtige Judasbäume.
Noch bevor sich die Blätter entfalten erscheint der Schmuck der zahlreichen flieder-farbenen bis rosaroten Schmetterlingsblüten. Dabei gibt es eine Besonderheit: Die hübschen Blütentrauben können an alten Ästen, sogar völlig unvermutet auch noch am Stamm des Baumes hervorbrechen. Nach der Blüte bilden sich die Samenschoten, flache braune Hülsen, die bis zum Winter am Baum verbleiben. Die Form der Hülsenfrucht lieferte den Gattungsnamen „*Cercis*", er ist aus dem griechischen Wort „kerkis" abgeleitet und bedeutet „Weberschiffchen".
Die Ruinenstätte Olympia ist ein typischer Standort für den Judasbaum, denn er liebt die nährstoffreichen Böden der Flussufer. Seine Verbreitung reicht vom östlichen Mittelmeergebiet bis nach Zentralasien.

Kameldornbaum – S

Acacia erioloba

Familie Mimosengewächse (*Mimosaceae*)

Kameldornbaum

Das Verbreitungsgebiet des Kameldornbaumes ist das südliche Afrika, er ist von der nördlichen Kapprovinz bis nach Süd-Angola sowie in Sambia, Simbabwe und Botswana zu finden. Sehr häufig ist er entlang von trockenen Flussläufen anzutreffen. In den Trockenwäldern im Nordosten Namibias und in Botswana ist er häufig die Hauptbaumart.
Innerhalb seines Verbreitungsgebietes variiert das Erscheinungsbild des Baumes erheblich. Oft ist er nur ein 2 m hoher schmaler Strauch; an den trockenen Flussläufen und den immer wieder überfluteten Vleis der Namibwüste kann er jedoch zu einem stattlichen Baum mit einer Höhe bis zu 16 m heranwachsen. Seine Krone breitet sich weit aus und die zahlreichen Wildtiere sowie auch das Weidevieh finden unter dem Baum den lebensnotwendigen Schatten in der Mittagshitze. Die Rinde des Baumes ist grau bis schwarzbraun und tief gefurcht. Die jungen Zweige sind glänzend rötlichbraun und stark bedornt.
Trotz der vielen spitzen Dornen gelingt es Hausziegen, Antilopen, Giraffen und auch Elefanten, die schmackhaften Blätter zu fressen und die jungen Triebe zu verbeißen. Das Holz des Baumes ist gegen Termiten resistent. Wegen seiner Härte und Festigkeit wurde es gerne als Grubenholz verwendet.
In manchen Gegenden ist der Kameldornbaum der einzige Lieferant von Feuerholz.
Das Sossusvleigebiet ist für die Besucher Namibias

eine der wenigen Möglichkeiten, tiefer in die Dünenlandschaft der Wüste Namib vorzudringen. Die hohen Sanddünen umfassen das Endstromgebiet des Tsauchab-Flusses. Nur sehr selten führt der Tsauchab Wasser, dann sind die ebenen Vleis mit Wasser gefüllt, eine kurzlebige Seenlandschaft
entsteht an einem der trockensten Orte der Erde. Dieser seltene Wasserzustrom reicht den genügsamen Kameldornbäumen, die unwirtliche Landschaft zu besiedeln. Kontrastreich präsentieren sich die mächtigen, weit ausladenden Bäume mit ihren grünen Fiederblättern vor dem Hintergrund der roten Sanddünen. Die weiten, ebenen Vleis, umgeben von den höchsten Sanddünen der Erde, bilden eine der ungewöhnlichsten Baumlandschaften.

Bäume

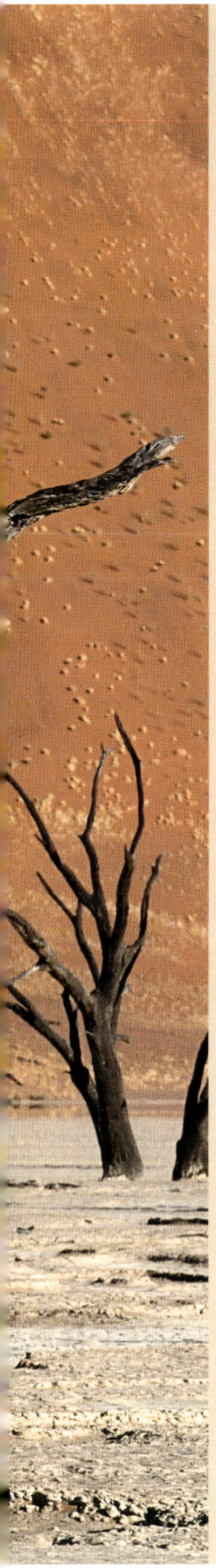

Kameldornbaum

Der Benguelastrom, ein kalter Meeresstrom, dessen Wassermassen in der Antarktis abgekühlt werden, verläuft entlang der Atlantikküste des südlichen Afrika. Er bestimmt das Klima im südlichen und westlichen Namibia. Die abgekühlten Luftmassen über dieser Trift enthalten nur geringe Mengen Feuchtigkeit und erreichen die Küstenregionen in Form von häufig auftretenden Nebeln. Dadurch entstand entlang der Küste das etwa 1800 km lange und bis zu 180 km breite Band der Wüste Namib. Südlich des Kuiseb Canyon ist die Namib durch Sanddünen geprägt. Hier im Bereich der so genannten Dünennamib erreichen die Niederschlagsmengen selten mehr als 50 mm/m^2 im Jahr und treten überwiegend als Nebel auf. In seltenen Jahren kommt es über der großen Randstufe im Inland zu so starken Regenfällen, dass der Tsauchab-Fluss Wasser tief in die Dünenlandschaft führt und am Sossusvlei einen Endsee bildet. Auf den Tonpfannen der Vleis versickert das Wasser nur langsam. Dieser kurzfristige Wasserreichtum ermöglicht den Kameldornbäumen das Überleben. Etwa 2 km südlich des Sossusvlei haben Sanddünen vor Jahrhunderten das Deadvlei vom Zustrom des Leben spendenden Nass des Tsauchab-Flusses abgeschnitten, die Kameldornbäume starben ab. Der Boden, ein Mosaik aus hellem, rissigem Ton, die Skelette der toten Kameldornbäume, umgeben von den rotbraunen Sandmassen der Dünen – eine surreale Landschaft.

Das Holz des Kameldornbaumes ist sehr hart und weitgehend resistent gegen Holz zerstörende Insekten und Mikroorganismen. Durch die extreme Trockenheit ist der Holzabbau hier ein Jahrhunderte dauernder Prozess. Im äußerst sensiblen Ökosystem Wüste mit seinem geringen Nahrungsangebot sind alle abgestorbenen biologischen Komponenten für die lebenden Organismen entscheidend. Trockenes Holz sollte deshalb vom Menschen nicht zum Verbrauch entnommen werden.

Unten | Pohutukawas bilden einen kleinen Küstenwald im Wenderholm-Regional-Park nördlich von Auckland.

Rechts oben | Pohutukawas bilden oft lange Wurzeln auf der Suche nach einem idealen Nährstoffangebot.

Rechts unten | Um Weihnachten erscheinen die Blüten des Pohutukawa.

Pohutuk
We

Pohutukawa

Pohutukawa ist in Neuseeland ein sehr beliebter Baum. Ursprünglich war er in den Küstenregionen der Nordinsel weit verbreitet, insbesondere durch die Ausdehnung der Weideflächen wurde der Bestand stark zurückgedrängt. Heute wird er gerne in Gärten und Parks und entlang von Straßen gepflanzt.
In der Natur ist er unter den Bäumen der Erstbesiedler junger vulkanischer Böden und als ausgesprochenes Pioniergehölz in der Lage, die steilsten Klippen an der Küste zu besiedeln. Pohutukawa hat eine erstaunliche Verbreitungsstrategie: Die Samen des Baumes sind sehr klein, werden vom Wind weggetragen und selbst die kleinste Spalte im massiven Fels genügt zum Keimen. Bereits im Jahr nach dem Keimen des Samens kann sich die erste Blüte und damit neuer Samen zur weiteren Verbreitung bilden.
Reicht der Felsspalt nicht, um einen Baum zu ernähren, so bildet er umgehend lange Wurzeln, die oft viele Meter über Fels und Abgrund verlaufen, bis sich neue Felsspalten mit Humus finden.
Rasch entwickelt sich ein Baum, dessen kurzer Stamm bis zu 2 m Durchmesser erreichen kann.
Die Gestalt des Baumes ist eher breit als hoch, die weit ausladende Krone kann bis 20 m Höhe erreichen. Die unbarmherzigen Winde und der extreme Standort direkt an der Küste führen zu einer weiteren Besonderheit. Aus den Zweigen der Krone können sich Wurzeln bilden, die an den Asten und Stämmen entlang der Rinde in Richtung Boden verlaufen. An den Stellen, an denen die oft mächtigen Starkäste durch ihr eigenes Gewicht in Bodennähe hängen, erreichen diese „Luftwurzeln" den Boden. Sie verankern den Baum an zahlreichen Stellen neu und schaffen eine zusätzliche Möglichkeit, Wasser und Nährsalze aufzunehmen.
Pohutukawa ist immergrün, die Blätter bleiben meist zwei Jahre am Baum. Nach dem Austrieb und der Entwicklung der kleinen, ledrigen Blätter bilden sich am Ende der Triebe Blüten in spektakulärem Purpur bis Karmesin und der ausströmende Nektar lockt zahlreiche Vögel, Insekten und Geckos an.
Nicht Blütenblätter bilden die rote Pracht, sondern die große Zahl der langen, roten Staubfäden sind der Ursprung der besonderen Zierde. Im Dezember beginnt auf der Südhalbkugel der Sommer.
Um Weihnachten erstrahlen weite Küstenbereiche im leuchtenden Rot der Pohutukawas, der blühende Baum wurde in Neuseeland zum Symbol der Weihnachtszeit.

T

Waha O Rerekohu

Metrosideros excelsa

Familie | Myrtengewächse (*Myrtaceae*)

Pohutukawa

Neuseelands größter Pohutukawa der „Te Waha O Rerekohu“ wächst in einer entlegenen Küstenregion direkt am Meer. Er ist 20 m hoch, und seine weit ausladende Krone erreicht einen Durchmesser von 40 m. Die starken und schweren Äste erreichen an verschiedenen Stellen die Erde, ein dichtes Geflecht von Luftwurzeln überzieht die Äste und geht bis zum Boden hinunter. Das Alter des Baumes wird auf etwa 350 Jahre geschätzt. Das knorrige Baumdenkmal wird von den Maoris als Heiligtum verehrt.

Vor der Ankunft der weißen Siedler bildeten Pohutukawas Wälder entlang des Küstengürtels der Nordinsel. Der massive Zustrom immer neuer Siedler brachte vielfältige Gefahren für die Pohutukawa-Wälder. Die Bäume lieferten den Siedlern ausgezeichnetes Feuerholz. Außerdem dehnten sie ihre Weideflächen immer weiter aus und zerstörten hierfür durch großflächige Brandrodungen die zusammenhängenden Pohutukawa-Bestände. Feuer ist eine große Gefahr für diese Bäume, bereits ein kleines Grasfeuer kann sie zerstören.

Auf Weideflächen kann der Baum nicht existieren, seine oft freiliegenden Wurzeln vertragen keine Fußtritte von Weidetieren. Das Forest Research Institut ermittelte 1989 anlässlich einer Studie über die Gesundheit der Pohutukawas, dass die Weidewirtschaft 90% der Küstenbestände eliminiert hat.

In vielen Gegenden Neuseelands ist der Pohutukawa vollkommen verschwunden. Die vom Menschen

verursachten Bedrohungen der Pohutukawa-Bestände sind vielfältig. Die einst zur Pelzgewinnung ausgesetzten australischen Fuchskusus verursachen massive Fraßschäden an den Bäumen und vernichten ganze Bestände. Von der 1000 km nördlich von Neuseeland liegenden Inselgruppe Kermadec wurde der fremde Kermadec-Pohutukawa (*Metrosideros kermadecensis*) eingeführt, dieser bildet mit der in Neuseeland endemischen Pohutukawa-Art (*Metrosideros excelsa*) Hybriden. Angesichts der massiven Bedrohung der natürlichen Pohutukawa-Bestände wurde das Projekt Crimson Trust gegründet, eine Initiative zur Rettung und Neuaufforstung des Pohutukawa. Basierend auf der Arbeit von freiwilligen Helfern in den Kommunen und Schulen sowie unter Mithilfe von Häftlingen in den Gefängnissen wurden weit über 100 000 autochthone Jungbäume herangezogen und an den Naturstandorten wieder ausgepflanzt, eine Erfolgsstory des Naturschutzes.

Bilder | Zwischen den mächtigen Felsblöcken der namibianischen Spitzkoppe sind vereinzelt Traubenbäume (*Cyphostemma currori*) zu finden.

Traub
u

Familie | Weinrebengewächse (*Vitaceae*)

Traubenbaum

Im Südwesten Afrikas sind drei baumartige *Cyphostemma*-Arten zu finden, die im blattlosen Zustand relativ schwer zu unterscheiden sind. Ein gutes Erkennungsmerkmal für *Cyphostemma currori* ist die Wuchshöhe, denn im Gegensatz zu den beiden anderen Arten, die nur bis zu 2 m hoch werden, erreicht er eine Höhe von bis zu 7 m. Wegen seiner roten, an Trauben erinnernden Früchte wird der Baum Traubenbaum genannt. Die Früchte sind jedoch nicht zum Verzehr geeignet, denn der hohe Gehalt an Kalziumoxalat kann Verbrennungen der Mundschleimhäute verursachen und es kann zu Vergiftungen kommen. Systematisch ist der Baum aufgrund seiner Blütenmerkmale der bekannten Familie der Weinrebengewächse zugeordnet, zu der zahlreiche Rank- und Schlingpflanzen gehören. Der Traubenbaum kommt in einem schmalen Streifen von den Khomasbergen bei Windhoek in Namibia bis nach Angola vor. Er wächst meist vereinzelt zwischen Felsbrocken an den trockenen, heißen Berghängen. Auffallend ist der dicke, sukkulente Stamm des Baumes, in seinen Zellen speichert er für die lange Periode der Trockenzeit größere Wasserreserven. Wegen seiner gelblichen bis blassbraunen, sehr weichen Rinde wird der Baum in Afrikaans Butterboom genannt. Die obere Rindenhaut löst sich in papierartigen Streifen ab, die darunter liegende Rindenschicht enthält rötliche Farbtöne. Die Blüten sind klein, gelblich-grün und treten am oberen Ende der Zweige in abgeflachten Rispen auf. Gleichzeitig mit den Blüten erscheinen am Ende der Trockenzeit die dicken, fleischigen Blätter. Sie bestehen aus drei Einzelblättern, sind breit elliptisch und können eine Größe von 20 mal 30 cm erreichen. Ein dichter Haarfilz schützt sie vor zu schneller Austrocknung.

Ahorn – Europas ge

Spitz-Ahorn und Berg-Ahorn

Der Spitz-Ahorn (*Acer platanoides*) bevorzugt feuchte und nährstoffreiche Standorte und ist Bestandteil von Mischwäldern überwiegend in den Niederungen bis in Höhenlagen von 1000 m. Verbreitet ist er in weiten Gebieten Europas bis nach Kleinasien und in den Nordiran. Im Norden reicht das Verbreitungsgebiet bis nach Südskandinavien. Er fehlte ursprünglich auf der Iberischen Halbinsel und auf den Britischen Inseln. Die botanische Artbezeichnung *platanoides* bedeutet „platanenähnlich" und bezieht sich auf das fünf- bis siebenlappige, bogig gezähnte Blatt.

Der Berg-Ahorn (*Acer pseudoplatanus*) ist ebenfalls in Europa weit verbreitet. Sein Verbreitungsgebiet liegt insgesamt etwas südlicher als das des Spitz-Ahorns und reicht nicht bis Vorderasien. Auf den Britischen Inseln fehlt er ebenfalls. In den Gebirgen ist er in Höhenlagen bis über 1600 m zu finden. Wie der Spitz-Ahorn wurde auch der Berg-Ahorn in vielen Gebieten, in denen er vorher fehlte, als Parkbaum und zur forstlichen Nutzung eingeführt. Die Artbezeichnung *pseudoplatanus* bezieht sich auf die Rinde des alten Berg-Ahorns, die ähnlich wie bei der Platane abblättert.

Während der Vegetationszeit lassen sich beide Ahornarten einfach unterscheiden. Der junge Trieb des Spitz-Ahorns sondert einen milchig weißen Saft ab, der des Berg-Ahorns nicht. Auch im Winter sind die Bäume gut an den Jungtrieben zu unterscheiden: während der Berg-Ahorn grüne, abstehende Knospen hat, zeigt der Spitz-Ahorn seine Knospen rötlich und am Trieb anliegend.

Die weithin leuchtende goldene Herbstfärbung ist bei beiden Arten gleich. In manchen Jahren kann diese Farbenpracht wochenlang anhalten.

Am Morgen nach dem ersten Nachtfrost fallen die goldenen Blätter in großer Zahl, dann erinnert ein Wandeln unter den herrlichen Alleebäumen an das Märchen mit dem Sterntalerregen.

Die Königlich

Berg-Ahorn

Der berühmteste Standort des Berg-Ahorns (*Acer pseudoplatanus*) ist der „Große Ahornboden" im Naturpark Karwendel in den österreichischen Alpen. Auf einer Höhe von etwa 1400 m gedeihen prächtige Bergahorn-Bäume, uralte Baumgestalten von majestätischer Schönheit.
In manchen Jahren kommt in diesen Höhenlagen der erste Schnee schon Anfang Oktober, noch ehe die gelben Blätter der Bäume zu Boden gefallen sind. Am frühen Morgen, bevor die Sonne den Talboden erreicht hat, taucht die Landschaft in ein zartes Blau. Nebel ziehen durch die Baumlandschaft und verhüllen in den Kaltluftsenken die königlichen Solitärbäume; unverhofft treten die Bäume wieder wie zarte Reliefs aus dem Blaugrau des kühlen Dunstes hervor. Das Gold der Blätter, überzogen mit Schnee und Reif, beginnt im ersten Strahl der Sonne zu leuchten. Doch die Zeit ist kurz, sobald die ersten warmen Sonnenstrahlen die Baumwipfel erreichen, schmilzt die weiße Pracht dahin.

Balsambäu des

Commiphora glaucescens

Familie | Myrrhenstrauchgewächse (*Burseraceae*)

Balsambaum

Die kleine Baumart kommt in Namibia insbesondere im Bereich der zentralen und nördlichen Randstufe vor. Ihr Standort sind die felsigen Abhänge und Flanken von Hügeln und Bergen. Kaum vorstellbar, wie dieser schmucke Kleinbaum zwischen den oft riesigen Felsbrocken, in der extrem trockenen Landschaft, unter der sengenden Sonne gedeihen kann. Je nach Standort kann er eine Höhe von 1 bis 8 m erreichen, seine Form ist meist breiter als hoch. Die besondere Schönheit des Balsambaumes entsteht durch seine weiche, golden- bis orangebraune Rinde. Wie Papierstreifen blättert die obere Rindenschicht ab und bleibt oft noch lange am Stamm hängen. Kurz vor Sonnenuntergang beginnt das Gold und Orange der Rinde im klaren Abendlicht zu leuchten. Die Farben des Baumes bereichern, neben den nun leuchtenden Felsen, die Farbnuancen des afrikanischen Sonnenunterganges. Die Zweige des Baumes sind starr, hart und unbedornt. Die Artbezeichnung *glaucescens* wurde dem Baum wegen seiner oberseits graublau erscheinenden Blätter gegeben.

Die Buschmannfrauen produzieren aus den angenehm riechenden Blättern ein Parfüm. Das Holz des Baumes ist fest und dennoch leicht zu bearbeiten. Von einigen Ureinwohnern Namibias, den Damaras und den Buschmännern, wird es gerne zur Herstellung kleiner Holzskulpturen benutzt.

Der Elfenwald

der Kamahibäume

Weinmannia racemosa

Familie | Cunoniagewächse (*Cunoniaceae*)

Kamahi

Der Kamahibaum ist in Neuseeland endemisch, dies bedeutet, dass sein Vorkommen auf die Inseln Neuseelands beschränkt ist. Die Bäume wachsen von den Tieflandwäldern bis hinauf in die Bergregionen um etwa 900 m. Sie bilden mit ihrem dichten Geäst und den ledrigen Blättern ein dichtes Walddach. Die Kamahibäume können bis 25 m hoch werden, die Stämme können einen Durchmesser von 1 m erreichen.

In den dauerfeuchten, nebelreichen Bergflanken-wäldern des Mount Egmont sind sonnige Tage selten. Dichte Nebelschwaden hüllen den Kamahiwald ein. Auch im November, im neuseeländischen Frühsommer, kann es in den höheren Lagen des Bergwaldes noch zu deutlichen Temperaturstürzen und massiven Schneefällen kommen. Dann wandelt sich der Nebelwald in einen wahren Märchenwald. Die Vegetation, die sich bereits voll entfaltet hat, die Hautfarne und Laubmoose, die die knorrigen Stämme und Äste der Kamahibäume bewachsen, werden jetzt von einem weißen Kleid bedeckt und erscheinen noch älter und sagenhafter. Hinter jedem Baum könnte man Feen und Elfen vermuten.

Der fallende Schnee und das monoton tropfende Dauernass verbreiten eine eigenartige Stille.

Der liebliche, anmutige Gesang der Vogelarten Bellbird, Tui und North Island Robin klingt wie verwandelt, der Wald ist auch akustisch verzaubert.

Unten | An der Cathedral Cove auf der Coromandel Halbinsel in Neuseeland wächst ein mächtiger Puriri.

Rechts oben | Blätter und unreife Früchte.

Rechts unten | Ein breitkroniger Puriri bei Waitangi an der Bay of Islands.

Puriri – immergrün

Vitex lucens

Familie Eisenkrautgewächse (*Verbenaceae*)

Puriri

Zur Gattung Vitex gehören etwa 250 verschiedene Arten, die in den gemäßigten Zonen, in den Subtropen und in den Tropen vorkommen. Unter ihnen befinden sich zahlreiche Bäume, die wertvolles Nutzholz liefern. In Neuseeland ist der Puriri (*Vitex lucens*) der einzige natürlich vorkommende Vertreter der Eisenkrautgewächse. Sein Verbreitungsgebiet erstreckt sich auf die Küstenwälder nördlich einer Linie vom Mount Egmont am Tasmanischen Meer bis zur Hawke Bay an der Ostküste der Nordinsel und hinauf bis zum Cape Reinga. Er ist ein imposanter Baum, häufig steht er frei im Grasland und bietet mit seiner bis 20 m hohen und weit ausladenden Krone den Weidetieren Schutz.
Die Artbezeichnung *lucens* bezieht sich auf die glänzenden Blätter. Sie sind dunkel und immergrün, zwischen den Blattnerven gewölbt und zu drei oder fünf Einzelblättchen an einem kräftigen Blattstiel angeordnet. Fast ganzjährig erscheinen die rosa Blüten. Aus den Blüten entstehen leuchtend rote, kirschen-

ähnliche Früchte, die ebenfalls ganzjährig am Baum zu finden sind. Die zahlreichen und stets vorhandenen Früchte sind bei vielen Vogelarten sehr begehrt, und so ist der Puriri ein guter Platz, um einen Einblick in Neuseelands bezaubernde Vogelwelt zu gewinnen. Das dunkle, rot-braune Holz des Baumes ist hart, massiv und sehr dauerhaft.

Der riesige Ö

baum von Canneto

Olea europaea

Familie | Ölbaumgewächse (*Oleaceae*)

Ölbaum

Wenige Kilometer nördlich der Millionenstadt Rom, am Ortsrand von Canneto, kündigt ein kleines handgearbeitetes Schild den größten Olivenbaum Europas an. Wir sind gespannt. Er ist nicht leicht zu finden. Erst als wir unter den Baum treten wird uns seine Dimension klar. Kaum zu glauben, die mächtige Krone mit fast 20 m Durchmesser und der massive Stamm erinnern mehr an eine Eiche oder eine Linde. Stolz verkündet der Besitzer, dass dieser Baum 100-mal so viel Öl hervorbringt, wie ein Ölbaum normaler Größe, das Alter gibt er mit über 2000 Jahren an. Sicher ist dieser Baum annähernd 1000 Jahre alt. Beeindruckt von seiner außergewöhnlichen Größe kommen uns alle anderen Olivenbäume plötzlich wie Zwerge vor.

Der Olivenbaum definiert botanisch die Topografie des mediterranen Gebietes. Olivenhaine prägen weite Teile der Landschaften in Südeuropa von der Iberischen Halbinsel bis nach Kleinasien, am Schwarzen Meer und in Nordafrika sowie auf allen Mittelmeerinseln von den Balearen bis Zypern.

Kein anderer Baum ist so eng mit der Mythologie und der kulturellen Entwicklung der Menschen im Mittelmeergebiet verbunden wie der Olivenbaum. Noahs Taube brachte einen Olivenzweig, an ihm konnte er das Ende der Sintflut erkennen.

Den Griechen der Antike war der Ölbaum als Baum der Götter heilig. Die Sieger der Olympischen Wettkämpfe wurden mit einem Kranz aus Olivenzweigen geehrt. Sophokles rühmt den Olivenbaum als „... ein Gewächs, nie alternd, sich selbst entsprossend, bestaunt vom Feind, der Stolz dieser heimischen Fluren, grauschimmerndes Laub des ewig zeugenden Ölbaums. Kein Junger, kein Alter wird sich je erdreisten, an die heiligen Bäume zu legen die Hand." Interessant ist der Hinweis „sich selbst entsprossend". Damit ist die Fähigkeit des Baumes gemeint, aus scheinbar abgestorbenen Stämmen oder aus den Wurzeln wieder auszuschlagen und neue Bäume zu bilden. Auch Theophrast, der Botaniker der Griechen, rühmt die hohe „Ausschlagskraft" des Baumes. Zweifellos gehört der Olivenbaum zu den langlebigsten Baumarten in Europa. Verlässt der Mensch ein Siedlungsgebiet oder einen Kulturraum wieder, so bleibt der Ölbaum als Zeuge seiner einstigen Anwesenheit zurück.

Die R

Ölbaum

Die Ruinen der im 4. Jahrhundert v. Chr. gegründeten Stadt Herakleia befinden sich am östlichen Ufer des Bafasees in der Türkei. Zwischen runden Granitbrocken des Latmosgebirges und behauenen Steinen und Mauerresten der einstigen Stadt sind riesige, uralte Olivenbäume zu finden. Sind diese lebenden Ruinen verbliebene Zeugen der Ölbauern am Rande dieser vormals bedeutenden Stadt?
Die Frage nach der Herkunft und Verbreitungsgeschichte des Olivenbaumes ist an Orten wie diesem besonders gegenwärtig.
Die ursprüngliche Heimat des Baumes ist nicht genau bekannt, der kleinasiatische Raum, Phönizien, Syrien und Palästina könnten das Ursprungsgebiet sein. Bereits in der Jungsteinzeit wurde Olivenöl in großen Tongefäßen eingelagert. Die Ägypter verwendeten das heilige Öl ebenfalls, und es spielte in der glanzvollen minoischen Kultur Kretas eine große Rolle. Phönizische Seefahrer sorgten wohl erstmals für die weitere Ausbreitung des wertvollen Öls und des Baumes.
Die Griechen betrieben intensiv den Anbau und brachten ihre Kenntnis in der Kultur des Baumes mit nach Sizilien, Korsika, auf die italienische Halbinsel und in die Provence. Die Römer verbreiteten Baum und Öl weiter, und maurische Siedler forcierten die Ölproduktion in Nordafrika und auf der Iberischen Halbinsel. Die Handelsschiffe und Siedler der Neuzeit brachten den Ölbaum in die „Neue Welt“, so wird er heute auch in Kalifornien, Südamerika und Australien kultiviert.
Im EU-Raum im Bereich des Mittelmeeres wird das Anbaugebiet erneut stark ausgeweitet. Dies bringt leider häufig auch negative ökologische Folgen mit sich. So werden große Flächen wertvoller mediterraner Wälder mit der Konsequenz weiter absinkender Grundwasserreserven gerodet, um neue Anbauflächen zu gewinnen. Die Beseitigung von Fremdwuchs in den Olivenplantagen durch den Einsatz von Herbiziden und die Ausbringung mineralischer Dünger führt zur Belastung des in vielen Regionen ohnehin knappen Grundwassers.
Stets waren die Züchter des Baumes bemüht, durch Veredeln der Wildform den Ertrag des Baumes zu steigern. Durch Pfropfen und durch Okulation wurden ertragreiche Sorten auf die wilden Sämlinge aufgebracht. Diese Vermehrungsmethode war sehr mühevoll und hatte den Nachteil wilder Sprosse aus den Wurzeln und den Stammfüßen der Bäume.
Heute wird die Vermehrung der edlen Ölbäume hauptsächlich durch Stecklinge und Steckhölzer durchgeführt.

Die Oliver

Olea europaea

Familie | Ölbaumgewächse (*Oleaceae*)

Ölbaum

Maurische Siedler brachten die Kultur des Ölbaums auf die Insel Mallorca. Während der Zeit der arabischen Herrschaft (902–1229) wurde die Landwirtschaft mit Hilfe ausgefeilter Bewässerungstechniken stark entwickelt. Um 1200 n. Chr. schrieb der maurische Dichter Asch-Schakandi: „Die Insel Mallorca ist eines der fruchtbarsten und kultiviertesten Länder, die Gott gemacht hat".
Die Schriftstellerin George Sand beschreibt 1885 Mallorcas Olivenbäume als die schönsten der Welt. Die weiten Flächen der bewirtschafteten Ölberge und die verwilderten Bestände verlassener Ölgärten lassen den einstigen Reichtum der Insel erahnen. Viele der malerischen, alten Ölbäume dürften schon von den arabischen Siedlern gepflanzt und gepflegt worden sein.
Die Produktion des Olivenöls war stets der Grund zur Pflanzung von Olivenbäumen und zur Ausdehnung der Anbauflächen. Der Baum ist sehr genügsam, braucht wenig Wasser und wächst noch auf felsigem Boden. Keine andere Baumart ist so wie der Ölbaum in der Lage, mit seinen Wurzeln den Lebenssaft aus dem steinigen Untergrund zu saugen. Auch am scheinbar unfruchtbarsten Standort, einer kleinen Ritze im massiven Fels, kann der Olivenbaum gedeihen und seine Frucht, sein hochwertiges Öl, hervorbringen.
Das heilige Öl der Olive diente in der frühen Antike der äußeren Anwendung. Es wurde zur Salbung der Edlen und Helden verwendet, war Träger von

Heilmitteln und wurde für die Riten verschiedener Religionen gebraucht. Die größten antiken Ölmengen sind jedoch in den zahlreichen Öllampen zur nächtlichen Lichtquelle für die Menschen geworden.
Zu welchem Zeitpunkt das Olivenöl Einzug in die Küche gehalten hat, ist nicht bekannt. Wir können jedoch sicher davon ausgehen, dass viel Zeit verging, ehe sich die Menschen entschlossen, ihre Speisen mit Olivenöl anstatt mit tierischem Fett, wie Speck und Butter, zu bereiten. Heute sind die ernährungsphysiologischen Vorteile des kalt gepressten Olivenöls weitgehend bekannt. Insbesondere der hohe Anteil an einfach und mehrfach ungesättigten Fettsäuren und der Gehalt von Vitamin E macht es zum unverzichtbaren Bestandteil der gesunden Ernährung. Außerdem finden die wertvollen Kräfte des Olivenöls in der Naturheilkunde und in der Herstellung hochwertiger Kosmetika Verwendung.

D

Esche Yggdrasil

Fraxinus excelsior

Familie Ölbaumgewächse (*Oleaceae*)

Gewöhnliche Esche

In früheren Zeiten prägte bei verschiedenen Völkern ein Riesenbaum die Vorstellung vom Universum: ein Urweltbaum, aus der Erde entspringend und das Himmelsgewölbe tragend. In der nordischen Mythologie stellt die immergrüne Esche Yggdrasil einen Riesenbaum dar, der alle Bereiche des Kosmos umfasst. Die Äste und Zweige des hohen Baumes überspannen die Erde und reichen nach Asgard, dem Wohnort der Götter, und bis in den Saal Walhall, der Heimat der Helden. Um die Mitte des Baumes wohnen die Menschen. Seine Wurzeln verzweigen sich unter der Erde und reichen bis nach Niflheim, dem Reich der Göttin Hel und Aufenthaltsort der Toten.

Neben der Esche befindet sich die Quelle Urdarborn, dort weben die drei Nornen Urd, Verdandi und Skuld das Schicksal der Menschen.

Im Wipfel der Weltesche sitzt ein Adler, an den Wurzeln nagt der Drache Nidhöggr. Zwischen beiden trägt das Eichhörnchen Ratatöskr Beschimpfungen und Beleidigungen der beiden Kontrahenten Adler und Drache hin und her. Yggdrasil umfasst symbolisch die Polaritäten von Himmel und Erde und vereinigt Gut und Böse in einem Wesen.

Eschen (*Fraxinus excelsior*) sind, wie es die Artbezeichnung excelsior andeutet, hohe, herausragende Bäume, die bis zu 40 m hoch werden können. Oft überragen sie andere Bäume der feuchten Au- und Schluchtwälder ihrer Heimat. Ihr natürliches Verbreitungsgebiet reicht von Nordspanien bis Südskandinavien, von den Britischen Inseln bis Transkaukasien und in den Nordiran.

Eine sehr ungewöhnliche Esche von merkwürdiger Gestalt befindet sich in England. Sie ist niedrig, untypisch, eher breit als hoch. Dennoch erinnert die urige Erscheinung des Baumes an die Mythen der Vergangenheit. Ihre Äste sind gestützt und wohl kaum in der Lage, das Himmelsgewölbe zu tragen. Der Stamm ist kurz, unförmig und gedrungen, nicht hoch oder herausragend wie bei der Art üblich. Ein kleines Schild am Stamm erklärt „The largest Ash of Great Britain“. Breit ist sie wirklich, denn ihr Stammumfang in Brusthöhe beträgt etwa 9 m. Aus ihren zunächst waagrechten und dann nach unten gebogenen, ausladenden Ästen entspringen zahlreiche junge Triebe.

Die Entstehung der untypischen Stammform bleibt unklar, möglicherweise haben Schafe und Ziegen den Stamm immer wieder verbissen und allmählich ist die eigenartige Form entstanden.

Ein Mo

Cabbage Tree

Vor der Ankunft der Maoris, etwa um die Jahrtausendwende, war Neuseeland nahezu flächig mit Urwäldern bedeckt. Die polynesischen Siedler führten erste Brandrodungen durch. Doch erst während der letzten beiden Jahrhunderte wurde der Urwald der Inseln durch die weißen Siedler großflächig gerodet. Kein anderes Land der Erde wurde durch den Menschen in so kurzer Zeit so massiv verändert. Durch Brandrodungen entstand Weideland – Neuseelands Schafherden grasen auf niedergebrannten Urwäldern.

Der Weg zum East Cape ist weit, abwechselnd führt er durch Reste artenreicher Urwälder und durch Farmland, welches durch Rodung entstanden ist. Nachts hat es kräftig geregnet, die Strahlen der aufgehenden Sonne mischen sich in das frische Grün der Wälder und Weiden und das Grau der Morgennebel. Einige Bäume leuchten mit ihren cremeweißen Blütenbüscheln aus den Wäldern hervor, und freistehende Gruppen auf den Weideflächen lassen die Gestalt dieser Baumart erkennen. Es ist der Cabbage Tree (*Cordyline australis*). Sein Holz fängt kein Feuer, er widersetzte sich der Brandrodung.

Frühe Siedler nutzten die ausgehöhlten Stämme sogar als Kamine für ihre Hütten.

Der Cabbage Tree gehört zu den Agavengewächsen und ist mit seiner stattlichen Höhe von 12 bis 20 m einer der größten Vertreter seiner Familie. Er ist fast überall in Neuseeland zu finden, auf Weiden, Feldern und an Flussufern, entweder allein oder in kleinen Gruppen. Seine pflanzensoziologische Heimat ist aber der Urwald Neuseelands vom Meeresspiegel bis zu einer Höhe von 600 m. Die Rinde des Baumes ist korkig, dick und fühlt sich rau an. Die Blätter sind schmal und werden bis zu 100 cm lang. Die Maoris nennen den Baum Ti kouka, immer wenn im Frühjahr seine stark duftenden Blüten in großer Zahl erscheinen, so glauben sie, folgt ein guter Sommer.

De

Josua-Palmlilie

Die Josua-Palmlilie ist ein außergewöhnlicher Baum der Mojave-Wüste im Süden Kaliforniens. Der Joshua-Tree-National-Park wurde nach diesem Baum benannt. Die meisten der eigenartigen Baumyuccas befinden sich im Westteil des heute über 3200 km^2 großen Nationalparks. Sie drängen sich einzeln zwischen Felsen aus Monazit, einem lachs-farbenen, granitähnlichen Gestein, oder bilden auf höher gelegenen Plateaus relativ dichte Bestände. Besonders zahlreich sind sie auf den Covington Flats oder unterhalb des Aussichtspunktes Key`s View zu finden. Die Bäume sind noch in den hoch gelegenen Regionen des Parks bis zu einer Höhe von 1800 m anzutreffen. Die seltsamen Gewächse können eine Höhe von mehr als 10 m erreichen und sollen dann ein Alter von mehreren 100 Jahren haben. In Jahren mit ausreichend Regen im Winter erscheinen im Frühjahr die hohen, aus weißen Glocken zusammengesetzten Blütenkegel der Josua-Palmlilie. Die Befruchtung kann nur von einer einzigen Insektenart, der Yuccamotte, bewerkstelligt werden. Nur sie ist in der Lage, den Pollen auf die reife Narbe zu transportieren. Seinen Namen soll der Baum von durchziehenden mormonischen Siedlern erhalten haben. Sie glaubten angesichts der eigenartigen Baumform, die biblische Gestalt Josuas zu erkennen, der ihnen mit ausgestreckten Armen den Weg ins „Gelobte Land“ zeigt. Wohin wohl? Der Baum weist mit seinen Ästen in alle Himmelsrichtungen.

Die Köcherbäume

Köcherbaum

Extreme Hitze, sengende Sonne, die Luftfeuchtigkeit meist nahe Null, Geröllhalden aus riesigen Felsblöcken – dies ist die Heimat der Köcherbäume (*Aloe dichotoma*).
Das Vorkommen dieser Baumaloen beschränkt sich auf das Gebiet von der nördlichen Kapprovinz bis zum Brandberg in Namibia. Meist stehen sie vereinzelt, doch an zwei Orten kommen sie in größeren Ansammlungen vor. Bei Keetmanshoop im Süden Namibias bilden etwa 300 Bäume waldähnliche Gruppen, und in einer Schlucht im Naukluft-Gebirge sind die Köcherbäume ebenfalls in größerer Stückzahl zu finden. Die zum Namib-Naukluft-Park gehörenden Naukluftberge erheben sich bis 1949 m über den Meeresspiegel. Eindrucksvoll ist eine Wanderung vom Gipfel der Naukluft hinab in die eigenartige, stille Landschaft der Köcherbaumschlucht. Extreme Trockenheit und Hitze herrschen in der Gipfelregion, völlig überraschend ist die tiefe Schlucht an machen Stellen auch am Ende der Trockenzeit noch grün.
Mächtige Quellen führen ganzjährig Wasser, bilden kleine Pools, wichtige Anlaufpunkte für viele Tiere. Doch das lebensnotwendige Wasser wird manchen zum Verhängnis, denn eine wasserführende Schlucht ist meist auch der Aufenthaltsort eines Leopardenweibchens mit seinen Jungen.
An den steilen, felsigen Flanken der Köcherbaumschlucht sind zahlreiche mächtige Exemplare der Baumaloe zu finden. Die größten erreichen bis zu 8 m Höhe und einen Stammdurchmesser von 1 m. Die aus dem griechischen Wort „dichotomos“ abgeleitete Artbezeichnung weist auf die zweiteilige, gabelige Verzweigung der Äste hin. Im Juni und Juli erscheinen die kanariengelben Blüten, sie enthalten viel Nektar und locken zahlreiche Insekten und Vögel an. Den Namen Köcherbaum erhielten die Bäume, weil die Buschmänner das weiche Mark aus den Zweigen herausgeholt und in den hohlen Ästen ihre Pfeile aufbewahrt haben sollen.

Unten | Der bekannteste und größte Drachenbaum steht am Ortsrand von Icod de los Vinos im Norden der Insel Teneriffa. Er wird von den Bewohnern der Insel „Drago milenario" genannt, ein Hinweis auf sein hohes Alter. Der Baum, dessen Erscheinungsform an einen riesigen Pilz erinnert, ist etwa 17 bis 18 m hoch, seine Krone hat einen Durchmesser von 20 m. Er misst an der Stammbasis einen Umfang von 20 m und ist innen hohl. Die Höhlung des Baumes ist mit einer kleinen Tür verschlossen. Drachenbäume bilden keine Jahrringe, die eine exakte Altersbestimmung ermöglichen würden, dennoch ist aufgrund des etwa 15-jährigen Blüh- und Verzweigungsrhythmus eine annähernd genaue Schätzung des Alters möglich. Das Alter des „Drago milenario" dürfte bei etwa 380 bis 400 Jahren liegen.

Rechts oben | Bei San Isidro, auf La Palma, befinden sich mächtige Zwillingsbäume, die „Drago gemello" genannt werden.

Rechts unten | Im Nordwesten der Insel La Palma unterhalb von Las Tricias ist eine kleinere Ansammlung von Drachenbäumen am Naturstandort zu finden.

Die
Kana

Drachenbaum

Auf den westlichen Inseln der Kanaren, auf den Kapverdischen Inseln und auf Madeira kommt eine sonderbare Baumart vor, der Drachenbaum. Heute ist das einstige natürliche Verbreitungsgebiet nicht mehr genau feststellbar. Viele der Bäume wurden von Menschen gepflanzt. *Dracaena draco* ist eine einkeimblättrige Holzpflanze mit dem Erscheinungsbild eines Baumes. Bei den Ureinwohnern der Kanaren war der Baum heilig. Ritzt man die Rinde des Baumes an, entspringt ein zunächst farbloses Harz, das sich beim Eintrocknen blutrot verfärbt, zum „Drachenblut" wird. Die spanischen Eroberer zapften dieses „Sanguis Draconis" in großen Mengen und verwendeten es als Farbstoff und Heilmittel. Der Export des Drachenblutes wurde für viele Bäume zum Verhängnis, sie verkrafteten die zahlreichen Wunden nicht, und bereits zu Beginn des 19. Jahrhunderts waren die Bäume selten geworden.
Junge Drachenbäume wachsen zunächst unverzweigt und bilden einen dicken Stamm, an dessen Ende sich ein Schopf aus spitzen, bis 60 cm langen Blättern befindet. Etwa alle 15 Jahre tritt bei den meisten Drachenbäumen gleichzeitig eine Blühperiode auf. Nach der Blüte verzweigen sich die Stämme, und so entsteht im Laufe vieler Jahrzehnte die typische, schirmförmige Krone mit dem dichten, endständigen Blätterdach.

Ein Blick in die Systematik der Bäume

Das Pflanzenreich wird systematisch in verschiedene Unterreiche und diese wiederum in Abteilungen untergliedert. Die Abteilungen werden in Unterabteilungen, Klassen, Unterklassen und Ordnungen eingeteilt.
Die Ordnungen gliedern sich in Pflanzenfamilien. Diese setzen sich in der Regel aus mehreren Gattungen zusammen, innerhalb der Gattungen sind die einzelnen Arten zu finden. Die Bäume gehören mit Ausnahme der Baumfarne zur Abteilung der Samenpflanzen.

Beispiel: Systematische Einordnung der Stiel-Eiche (*Quercus robur*)

Abteilung:	SPERMATOPHYTA (Samenpflanzen)
Unterabteilung:	MAGNOLIOPHYTINA (Bedecktsamer)
Klasse:	Magnoliopsida (Zweikeimblättrige)
Unterklasse:	Hamamelididae
Ordnung:	Fagales (Buchenartige)
Familie:	Fagaceae (Buchengewächse)
Gattung:	*Quercus* (Eiche)
Art:	*robur*

Die systematische Übersicht ist ohne botanische Vorkenntnisse relativ schwer zu überblicken. Zum weitergehenden Studium wird der „Zander - Handwörterbuch der Pflanzennamen", bearbeitet von Erhardt, Götz, Bödeker und Seybold, oder das „Lehrbuch der Botanik" von Straßburger, neu bearbeitet von Sitte, Ziegler, Ehrendorfer und Bresinsky, empfohlen. Dort wird in der jeweils neuesten Auflage die botanische Systematik gemäß dem aktuellen Stand der wissenschaftlichen Forschung dargelegt.
Nachfolgend werden die Familien der im vorliegenden Buch aufgeführten Baumarten kurz vorgestellt. Die Anordnung der Kurzporträts der Familien folgt dabei der botanischen Systematik. Zum besseren Verständnis ist die botanische Systematik hierfür verkürzt dargestellt. Es werden nur im Buch beschriebene Pflanzenarten, deren Familien, Ordnungen und Klassen aufgelistet.

ABTEILUNG: PTERIDOPHYTHA (Farnartige Pflanzen)

Zu dieser Abteilung gehören neben Farnen auch Bärlappgewächse, Schachtelhalmgewächse und Nacktfarne. Die Stammesgeschichte einiger Vertreter dieser Abteilung reicht fast bis in die Ursprünge der Pflanzenwelt zurück. Viele von ihnen brachten im Lauf ihrer Entwicklung Bäume hervor, die heute nur noch durch Fossilfunde bekannt sind. Höhere Farngewächse treten etwa seit dem Oberkarbon vor etwa 300 Millionen Jahren auf. Heute sind in den Tropen, Subtropen und den gemäßigten Zonen 10 000 Arten bekannt.
Baumartige Pflanzen entstanden in der Farnwelt sehr früh und überdeckten zeitweilig weite Flächen der Landmassen der Erde. Zwei der heute rezenten Baumfarnfamilien werden nachfolgend kurz betrachtet.

Klasse: Pteridopsida
Ordnung: Pteridales
Familie: Cyatheaceae (Cyatheagewächse)
Diese sehr artenreiche Baumfarnfamilie besteht aus etwa 650 Arten. Die höchsten Vertreter können zu Bäumen mit 20 m Höhe heranwachsen. Sie sind vorwiegend in den dauerfeuchten tropischen Bergwäldern und in den kühleren Nebelwäldern der Tropen und Subtropen zu finden. Den Südrand des Verbreitungsareals bilden die gemäßigten Zonen in Tasmanien und Neuseeland. In den gemäßigten Zonen der nördlichen Hemisphäre fehlen sie fast vollständig.

Familie: Dicksoniaceae (Dicksoniengewächse)
Diese Familie umfasst 47 Arten, die meist als mittelgroße und kleinere Farnbäume auftreten. Sie sind in Australien, Neuseeland, Neukaledonien, Malaysia und dem tropischen Amerika zu finden.

ABTEILUNG: SPERMATOPHYTA (Samenpflanzen)

Die Abteilung der Samenpflanzen wird heute in 3 Unterabteilungen, die CONIFEROPHYTINA, die CYCADOPHYTINA und die MAGNOLIOPHYTINA eingeteilt. Das wesentliche Kriterium der Einteilung ist die Beschaffenheit der Blütenorgane.
Die Samenanlagen der CONIFEROPHYTINA (Nadel- oder gabelblättrige Nacktsamer) liegen frei auf der Samenschuppe oder auf den Samenblättern. Es entwickeln sich keine Früchte. Die Nacktsamer sind morphologisch durch getrenntgeschlechtliche Blütenorgane gekennzeichnet und werden durch den Wind bestäubt.
Die systematische Einteilung der Nacktsamer ist relativ kompliziert und keineswegs unumstritten. Insbesondere immer wieder neue Fossilfunde erschweren die systematische Gliederung. Zu den CONIFEROPHYTINA gehören ausschließlich Holzgewächse. Im Verhältnis zur Unterabteilung der MAGNOLIOPHYTINA beinhaltet die Unterabteilung der CONIFEROPHYTINA mit 550 heute lebenden Arten eine relativ geringe Artenanzahl, insgesamt ist sie jedoch mit einer hohen Anzahl lebender Individuen auf der Erde vertreten, denn Nadelgehölze bilden einen großen Teil der Wälder der Erde.
Die Samenanlagen der CYCADOPHYTINA (Fiederblättrige Nacktsamer) zeigen Blütenmerkmale der Nacktsamer, aber auch Übergangsmerkmale zu den Bedecktsamern. Zu ihnen gehören etwa 190 rezente Arten.
Die Samenanlagen der MAGNOLIOPHYTINA (ANGIOSPERMAE) – auch Bedecktsamer oder Blütenpflanzen genannt – werden von einem Behälter, dem aus Fruchtblättern bestehenden Fruchtknoten, umschlossen. Daraus entwickelt sich nach der Befruchtung eine Frucht. Zu den Bedecktsamern gehören krautartige Pflanzen und Holzgewächse. Bei den Bedecktsamern sind sowohl getrenntgeschlechtliche Blüten als auch zweigeschlechtliche Blüten vorhanden. Die Befruchtung erfolgt durch den Wind, durch Insekten, in seltenen Fällen sogar durch Vögel und Fledermäuse. Die wesentliche Unterteilung erfolgt in 2 Klassen. Nach der Zahl der Keimblätter werden die Klassen der Zweikeimblättrigen und Einkeimblättrigen unterschieden. Die Bedecktsamer umfassen etwa 240 000 Arten.

UNTERABTEILUNG: CONIFEROPHYTINA (Nadel- oder gabelblättrige Nacktsamer)

Klasse: Ginkgoopsida
Ordnung: Ginkgoales (Ginkgoartige)

Familie: Ginkgoaceae (Ginkgogewächse)
Aus der Familie der Ginkgogewächse gibt es heute nur noch 1 lebende Art. Der Ginkgo (*Ginkgo biloba*) ist in vieler Hinsicht eine außergewöhnliche Pflanze.

Eine wesentliche Besonderheit ist die Befruchtung der Samen. Die Art ist zweihäusig, es gibt also männliche und weibliche Bäume. Die Samen werden auf der Mutterpflanze bestäubt, die Befruchtung jedoch findet erst nach dem Herabfallen der Früchte statt. Die männlichen Spermazellen bewegen sich aktiv zu den weiblichen Eizellen, um diese zu befruchten. Dieses Merkmal ist bei den Samenpflanzen nur noch bei den Palmfarnen zu finden.

Klasse: Pinopsida (Koniferen)
Ordnung: Pinales (Kiefernartige)

Familie: Araucariaceae (Araukariengewächse)
Zu dieser Familie gehören die 2 Gattungen *Agathis* und *Araucaria*. Die Gattung *Agathis* besteht aus 15 Arten, die in Indonesien, Neukaledonien, Nordostaustralien und Neuseeland sowie auf den Philippinen und den Fidschi-Inseln zu finden sind. Die größte Art ist die neuseeländische Kaurifichte (*Agathis australis*). Die Gattung *Araucaria* ist mit etwa 20 Arten in verschiedenen Kontinenten der südlichen Hemisphäre zu finden.

Familie: Cupressaceae (Zypressengewächse)
Die Zypressengewächse stellen mit 20 Gattungen und 130 Arten eine artenreiche Koniferenfamilie dar. Sie sind in den gemäßigten Zonen und in den Gebirgen der subtropischen sowie tropischen Zonen der gesamten Erde zu finden.

Familie: Pinaceae (Kieferngewächse)
Die Kieferngewächse umfassen die wichtigsten forstlich genutzten Baumarten der nördlichen Erdhälfte. Die Kiefern (*Pinus*), Tannen (*Abies*), Fichten (*Picea*), Lärchen (*Larix*) und Zedern (*Cedrus*) gehören zu den insgesamt 9 Gattungen der Familie. Am weitesten sind die Kiefern mit 110 Arten verbreitet. Sie sind auf der gesamten Nordhälfte der Erde zu finden, in den Tropen sind sie in den hohen Lagen der Gebirge vertreten.

Familie: Podocarpaceae (Steineibengewächse)
Die Familie ist auf der südlichen Erdhälfte verbreitet. Zu ihr gehören 12 Gattungen mit mehr als 100 Arten. Meist handelt es sich um immergrüne Waldbäume, einige treten auch als niedrige Sträucher auf. *Podocarpus* ist mit 72 Arten die verbreitetste Gattung. Vertreter dieser Gattung kommen in Australien, Neuseeland, Indien, Japan, Mittel- und Südamerika, Ost-Afrika, auf den Westindischen Inseln und dem Malaiischen Archipel vor. Die Gattung Dacrydium ist mit 24 Arten in Neuseeland, Tasmanien, Chile und Malaysia vertreten.

Familie: Taxodiaceae (Sumpfzypressengewächse)
Zur Familie der Sumpfzypressengewächse gehören die eindrucksvollsten Bäume unserer Erde. Die Sumpfzypressen (*Taxodium distichum*) der Südstaaten der USA können ganzjährig im Wasser stehen. Die Redwoods (*Sequoia sempervirens*) und Mammutbäume (*Sequoiadendron giganteum*) Kaliforniens gehören ebenfalls zur Familie der Sumpfzypressengewächse. Beliebte Parkbäume sind der Urweltmammutbaum (*Metasequoia glyptostroboides*) und die Japanische Sicheltanne (*Cryptomeria japonica*). *Cryptomeria* ist außerdem ein wichtiger Forstbaum. Weitere in Ost-Asien beheimatete Gattungen sind: *Cunninghamia*, *Glyptostrobus* und *Taiwania*. Auch die in Tasmanien und Australien beheimatete *Athrotaxis* gehört zur Familie der Sumpfzypressengewächse.

Ordnung: Taxales (Eibenartige)

Taxaceae (Eibengewächse)
Die Eibengewächse umfassen 3 Gattungen. Zur Gattung *Taxus* werden 8 Arten gezählt. Es handelt sich meist um kleine Bäume, die auf der nördlichen Halbkugel der Erde verbreitet sind.

UNTERABTEILUNG: CYCADOPHYTINA (Fiederblättrige Nacktsamer)

Klasse: Cycadopsida
Ordnung: Cycadales (Cycaartige)

Familie: Cycadaceae (Palmfarngewächse)
Die Familie der Cycadaceae besteht aus 9 Gattungen mit etwa 100 Arten. Sie sind überwiegend in den subtropischen und tropischen Regionen Mittelamerikas, Afrikas, Südostasiens und Nordaustraliens zu finden.

Klasse: Gnetopsida
Ordnung: Gnetales

Familie: Welwitschiaceae (Welwitschiengewächse)
Die systematische Einordnung dieser nur aus 1 Art bestehenden Familie bereitete der Fachwelt lange Schwierigkeiten. Obwohl sie klar den Nacktsamern (Gymnospermae) zugeordnet wird, zeigen die männlichen Blütenorgane eine unvollständig ausgebildete Samenanlage, die an einen Fruchtknoten mit Griffel und Narbe wie bei den Bedecktsamern erinnert.

UNTERABTEILUNG: MAGNOLIOPHYTINA (Bedecktsamer)

Klasse: Magnoliopsida (Dicotyledoneae) Zweikeimblättrige
Unterklasse: Hamamelididae
Ordnung: Hamamelidales (Zaubernussartige)

Familie: Platanaceae (Platanengewächse)
Die Familie der Platanengewächse besteht nur aus einer Gattung mit 8 Arten und Hybriden. 6 Arten stammen aus Nordamerika und Mexiko. Eine Art ist am Balkan und in Vorderasien beheimatet. Eine weitere Art, die Ahornblättrige Platane (*Platanus x hispanica*) ist vermutlich ein Bastard aus der Nordamerikanischen Platane (*Platanus occidentalis*) und der Morgenländischen Platane (*Platanus orientalis*)

Ordnung: Urticales (Brennnesselartige)

Familie: Cecropiaceae
Zu dieser Baumfamilie gehören nur wenige Arten. Der Schirmbaum (*Musanga smithii*) ist ein in den Tropen Afrikas anzutreffendes Mitglied. Die Gattungen *Cecropia* (Ameisenbäume) und *Coussapoa* sind in den südamerikanischen Tropen beheimatet. Im Bildteil wird *Coussapoa dealbata*, die in vielen Merkmalen den Feigenbäumen der Familie Moraceae ähnelt, vorgestellt.

Familie: Moraceae (Maulbeerbaumgewächse)
Weltweit sind etwa 55 Gattungen mit über 1500 Arten vorhanden. Die Gattung *Ficus* umfasst mehr als 1000 Arten. Neben mächtigen Bäumen besteht die Familie auch aus verschiedenen Straucharten und Schlingpflanzen. Zahlreiche Arten in

den tropischen Regionen der Erde bilden mächtige, eindrucksvolle Baumgestalten. Die meisten sind immergrün. Ein bekannter Vertreter der Gattung *Ficus* ist die Echte Feige (*Ficus carica*). Der Baum mit den wohlschmeckenden Früchten ist im Mittelmeergebiet und in Vorderasien verbreitet. Die Benjamin-Feige (*Ficus benjamina*) aus Indien und den angrenzenden Gebieten ist in den gemäßigten Zonen eine verbreitete Zimmerpflanze.

Ordnung: Fagales (Buchenartige)

Familie: Betulaceae (Birkengewächse)
Zu dieser Familie gehören insgesamt 6 Gattungen mit etwa 170 Arten, die überwiegend die gemäßigten und borealen Waldzonen der nördlichen Hemisphäre besiedeln, sie sind jedoch auch in den Anden vertreten. Zur *Gattung Betula* werden 50 Arten gerechnet. Als Sträucher und Bäume kommen sie insbesondere der Taiga und Waldtundra sehr zahlreich vor. Bemerkenswert ist, dass auch die 30 Hainbuchenarten (*Carpinus*) zu den Birkengewächsen zählen.

Familie: Fagaceae (Buchengewächse)
Die Familie der Buchengewächse ist eine weit verbreitete Pflanzenfamilie. Sie besiedelt mit 7 Gattungen und etwa 800 Arten die gemäßigten und subtropischen Zonen der Erde. Die Gattung Castanea ist mit 12 Arten und die Gattung *Fagus* mit 11 Arten auf der Nordhälfte der Erde vertreten. Die Gattung der Eichen (Quercus), ist mit über 500 Arten in Europa, Asien, Nord- und Mittelamerika vertreten. Die Scheinbuchen (*Nothofagus*) sind die Vertreter der Buchengewächse auf der südlichen Erdhälfte.

Unterklasse: Caryophyllidae
Ordnung: Caryophyllales

Familie: Phytolaccaceae (Kermesbeerengewächse)
Zu den Kermesbeerengewächsen gehören Stauden und Sträucher. Die Gattung *Phytolacca* (Kermesbeere) ist mit vielen Staudenarten in Ostasien und vor allem in Nord- und Südamerika und anderen Gebieten verbreitet. Die giftige Amerikanische Kermesbeere *Phytolacca* americana ist als Arzneipflanze und Färbepflanze bekannt und wird in Gärten gerne als Zierpflanze angebaut. Einziger Baum der Gattung ist der Ombú (*Phytolacca dioica*).

Unterklasse: Dilleniidae
Ordnung: Malvales (Malvenartige)

Familie: Bombacaceae (Wollbaumgewächse)
Zu den Wollbaumgewächsen gehören 20 Gattungen mit etwa 200 Arten. Sie sind überwiegend in den Tropen Südamerikas sowie in Afrika zu finden. Bekannte Baumarten sind der Seidenwollbaum (*Bombax*) und der Kapokbaum (*Ceiba*).
Die markantesten Vertreter sind die mächtigen Baobabs (*Adansonia digitata*) in Afrika und Nordaustralien.

Familie: Tiliaceae (Lindengewächse)
Zur Lindenfamilie gehören 50 Gattungen mit etwa 450 Arten, die von den gemäßigten Gebieten bis in die tropischen Zonen der Erde zu finden sind. Sie wachsen sowohl strauch- als auch baumförmig. Die Gattung *Tilia* ist mit etwa 50 Arten in Europa, Asien, Nordamerika und Mexiko vertreten.

Ordnung: Salicales (Weidenartige)

Familie: Salicaceae (Weidengewächse)
Nur 2 Gattungen werden zu dieser Familie gerechnet, es handelt sich um die Weiden (*Salix*) und die Pappeln (*Populus*). Diese Gattungen umfassen jedoch mehr als 350 Arten von Sträuchern und Bäumen, die überwiegend in den gemäßigten Zonen der Nordhalbkugel zu finden sind.

Ordnung: Capparales

Familie: Moringaceae (Moringagewächse)
Die Gattung Moringa ist mit einigen Arten in Israel, Afrika, Indien und anderen asiatischen Ländern verbreitet. Bekannte Vertreter sind der Indische Meerrettichbaum (*Moringa oleifera*) mit seinen essbaren Früchten und der im Buch vorgestellte *Moringa ovalifolia*.

Unterklasse: Rosidae
Ordnung: Fabales (Hülsenfrüchtler)

Familie: Caesalpiniaceae (Caesalpinogewächse)
Zu der umfangreichen Familie gehören zahlreiche, üppig blühende Tropenpflanzen. In der Baumwelt ist vor allem aus der Gattung *Gleditsia* der Falsche Christusdorn (*Gleditsia triacanthos*) bekannt. Die Gattung *Cercis* (Judasbaum) ist mit 7 Arten in Nordamerika und Südeuropa bis Ostasien verbreitet.

Familie: Mimosaceae (Mimosengewächse)
Zu dieser umfangreichen Familie gehören zahlreiche Gattungen. Die Gattung *Acacia* umfasst etwa 700 Strauch- und Baumarten, die überwiegend in Australien, Afrika, Asien und Südamerika vorkommen. Zahlreiche Arten besiedeln Trockensavannen und Halbwüsten.

Ordnung: Myrtales (Myrtenartige)

Familie: Myrtaceae (Myrtengewächse)
Die Familie der Myrtaceae ist eine sehr umfangreiche Pflanzenfamilie mit 100 Gattungen und rund 3000 Arten, die in den tropischen Regionen Südamerikas und Südostasiens, auf verschiedenen südpazifischen Inseln, in Neuseeland und in Australien zu finden sind. Viele Arten zeichnen sich durch auffallende Blüten aus; meist fehlen Blüten- und Kelchblätter, die sichtbare Blütenpracht besteht aus den markanten Stielen der Staubgefäße. Die Blätter sind einfach, ganzrandig und häufig ledrig. Die Anordnung ist gegenständig. Viele Arten haben essbare Früchte, andere entwickeln so genannte Trockenfrüchte. Wichtige Vertreter der Familie sind die etwa 500 Eukalyptusarten Australiens, zu ihnen gehören die höchsten Laubbäume der Erde. Bekannt sind auch die aus Südamerika stammende Guave und die in Europa beliebte Myrte.

Ordnung: Rhamnales (Kreuzdornartige)

Familie: Vitaceae (Rebengewächse)
Zur Familie der Rebengewächse gehören 12 Gattungen mit etwa 700 Arten. Zu ihnen zählen bekannte Arten wie der Echte Weinstock (*Vitis vinifera*) und die

Jungfernrebe (*Parthenocissus*). Der Traubenbaum (*Cyphostemma currorii*) ist als Baum unter den Rebengewächsen vertreten.

Ordnung: Sapindales (Seifenbaumartige)

Familie: Aceraceae (Ahorngewächse)
Die Familie der Ahorngewächse besteht aus 2 Gattungen *Acer* und Dipteronia. Die Gattung *Acer* kommt mit etwa 150 Arten im Wesentlichen in den gemäßigten Zonen der Nordhälfte der Erde vor. In Europa sind 14 Ahornarten beheimatet. Zwei von ihnen, der Spitzahorn und der Bergahorn, sind am weitesten verbreitet. Die größte Artenvielfalt präsentiert die Gattung *Acer* in China und Japan.

Familie: Burseraceae (Myrrhenstrauchgewächse)
Zur Familie der Burseraceae werden die in Mexiko zu findende Gattung *Acumea*, die in Ost-Asien beheimatete *Canarium* und die *Boswellia* gezählt. Der Heilige Weihrauchbaum (*Boswellia sacra*) aus Ägypten, Saudi-Arabien und Somalia ist der berühmteste Vertreter der Familie. Im Bildteil wird der anmutige Balsambaum (*Commiphora glaucescens*) präsentiert.

Ordnung: Cunoniales

Familie: Cunoniaceae (Cunoniagewächse)
Zur Familie der Cunoniaceae gehören 26 Gattungen und etwa 250 Arten von Bäumen und Sträuchern, welche hauptsächlich in den warm gemäßigten Regionen der südlichen Hemisphäre zu finden sind. Die Kamahibäume (*Weinmannia racemosa*) sind in Neuseeland endemisch.

Unterklasse: Asteridae
Ordnung: Lamiales (Lippenblütler)

Familie: Verbenaceae (Eisenkrautgewächse)
Die Familie der Verbenaceae ist eine in den Tropen und Subtropen vorkommende Familie mit etwa 75 Gattungen und über 3000 Arten. Zu ihr gehören Kräuter, Sträucher, Schlingpflanzen und Bäume. Unter ihnen ist die bekannteste Baumart der Teakbaum (*Tectona grandis*) aus den Urwaldregionen Indiens und Südostasiens.

Ordnung: Scrophulariales (Braunwurzartige)

Familie: Oleaceae (Ölbaumgewächse)
Die Familie der Ölbaumgewächse umfasst 27 Gattungen mit rund 600 Arten von Sträuchern und Bäumen. Bekannte Gattungen sind Flieder (*Syringa*), Liguster (*Ligustrum*), Ölbaum (*Olea*) oder Esche (*Fraxinus*). Zur Gattung *Fraxinus* gehören mehr als 60 Arten, die überwiegend in den gemäßigten Zonen der Nordhälfte der Erde zu finden sind.

Klasse: Liliopsida (Monocotyledoneae) Einkeimblättrige
Unterklasse: Liliidae
Ordnung: Asparagales (Spargelartige)

Agavaceae (Agavengewächse)
Die Familie der Agavengewächse umfasst 20 Gattungen mit etwa 700 Arten. Es handelt sich meist um Holzpflanzen, jedoch auch Kletterpflanzen und einige Sukkulenten kommen vor. Sie sind häufig in trockenen Regionen zu finden und in den tropischen und subtropischen Regionen der Erde beheimatet. Die bekanntesten Gattungen sind *Yucca*, *Cordyline* und *Agave*.

Familie: Aloeaceae (Aloengewächse)
Zur Gattung der Aloengewächse gehören zahlreiche Stauden, Sträucher und Bäume. Einer der größten Vertreter der Gattung ist der Köcherbaum (*Aloe dichotoma*) im Südwesten Afrikas. Die bekannteste Art ist jedoch die insbesondere zur Herstellung von Kosmetika und Heilmitteln sehr beliebte *Aloe vera*.

Familie: Dracaenaceae (Drachenbaumgewächse)
Zu den Drachenbaumgewächsen gehört die Gattung *Beaucarnea*, die in Mexiko verbreitet ist. Ein markanter Vertreter dieser Art ist der Kleinbaum Elefantenfuß. Die Gattung *Dracaena* ist im Wesentlichen im tropischen Afrika und auf den Inseln im Indischen Ozean zu finden. Der größte Vertreter der Art ist der Drachenbaum der Kanarischen Inseln. Viele *Dracaena*-Arten sind beliebte Zimmerpflanzen. Die Gattung *Sansevieria* gehört ebenfalls zu den Drachenbaumgewächsen.

Verwendete Literatur

ADAMS, N.M.: New Zealand Native Trees. Reprinted 1991, Reed Publishing, Auckland, 1967.

BÄRTELS, A.: Farbatlas Mediterrane Pflanzen. Ulmer, Stuttgart, 1997.

BÄRTELS, A.: Farbatlas Tropenpflanzen. 4. Aufl., Ulmer, Stuttgart, 1996.

BARTELS, H.: Gehölzkunde. Ulmer, Stuttgart, 1993.

BAUMANN, H.: Die griechische Pflanzenwelt. 4. Aufl., Hirmer, München, 1999.

BERCUSSON, L., TORRANCE, J.: Pohutukawa, Tree of Aotearoa. Tamdem Press, Auckland, 1998.

BERGMANN H.-H., ENGLÄNDER, W.: Reiseführer Natur, Kanarische Inseln. BLV, München, 1995.

BITTMANN, W., FUGGER, B.: Reiseführer Natur, Südwesten der USA. BLV, München, 1997.

BLANCKE, R.: Farbatlas Pflanzen der Karibik und Mittelamerikas. Ulmer, Stuttgart, 1999.

BOCKHOLT, W., KIRCHER, B.: Dieses Baumes Blatt. Schnell Buch & Druck, Warendorf, 2000.

BOURDU, R.: Histoires de France racontées par les arbres. Ulmer, Paris, 1999.

BUNDESMINISTERIUM FÜR VERBRAUCHERSCHUTZ: Gesamtwaldbericht der Bundesregierung. Berlin, 2001.

CALAIS, M.: Oliven & Öl – Das mediterrane Gold. Edition Spangenberg bei Droemer & Knaur, München, 1998, a. d. franz. Orig.: Trésors du Sud – Le olivier, les olives et l'huile d'olive. Edition du chéne – Hachette, Paris, 1997.

CARVEN, P., MARAIS, CHR.: Damaraland Flora. Gamsberg Macmillan, Windhoek, 1993.

DOLLHOPF, H., LIEDEL, H.: Bavaria-Buche, Abschied vom Jahrtausendbaum. Hahn, Veitshöchheim, 2001.

ERHARDT, W., GÖTZ, E., BÖDEKER, N., SEYBOLD, S.: Zander, Handwörterbuch der Pflanzennamen. 17. Aufl., Ulmer, Stuttgart, 2002.

GENAUST, H.: Etymologisches Wörterbuch der botanischen Pflanzennamen. 3. Aufl., Birkhäuser, Basel, 1996.

GOETHE, J.W. v.: Werke. Hrsg. Erich Trunz, Hamburger Ausgabe. dtv, München, 1988.

GORER, R.: Bäume. Delphin, München, 1984, a. d. engl. Orig.: Illustrated Guide to Trees. Kingfisher Books, London, 1980.

GRABE, H., WEINZIERL, H.: Lindenzeit. Buch & Kunstverlag Oberpfalz, Amberg, 1991.

GREENPEACE: The last of world's ancient forests. Amsterdam, 2002, aus Quellen von Golbal Forest Watch, Washington.

HECKER, U.: Bäume und Sträucher. 2. Aufl., BLV, München, 1998.

HERM, D., KEILMAN, J.: 400 Millionen Jahre Baum. Bayerische Staatssammlung für Paläontologie, München, 1997.

HOBHOUSE, P.: Illustrierte Geschichte der Gartenpflanzen. Scherz, Bern, 1999, a. d. engl. Orig.: Plants In Garden History, Pavilion Books, London, 1992.

HOLZAPFEL, O.: Lexikon der abendländischen Mythologie. Sonderausgabe, Herder, Freiburg, 2002.

JAHN, H.: Pilze an Bäumen. 2. von REINARTZ, H., SCHLAG, M. überarb. Aufl., Patzer, Berlin, 1990.

KEIR, B.: The Life an Times of New Zealand´s Magnificent Kauri Trees. GEO Australia's Geographical Magazine.

KRÜSSMANN, G.: Handbuch der Laubgehölze. 2. Aufl., Parey, Berlin, 1976-1978.

LEWINGTON, A., PARKER, E.: Ancient Trees. Collins & Brown, London, 1999.

MATTHEWS, G.: Bäume. BLV, München, 1993, a. d. engl. Orig.: Trees of the World, David Bateman, Auckland, 1993.

MENNINGER, E.A.: Fantastic Trees. Reprinted 1999, Timber Press, Portland, USA, 1995, (First published in 1967 by Viking Press).

MITCHELL, A.: Die Wald- und Parkbäume Europas. 2. Aufl., Parey, Berlin, 1979, a. d. engl. Orig.: A Field Guide to the Trees of Britain and Northern Europe. William Collins Sons & Co., Glasgow, 1974.

MITCHELL, A.: Pareys Buch der Bäume. 3. Aufl., Blackwell Wissenschafts-Verlag, Berlin, 1997.

MORTON, A.: Tree Heritage of Britain and Ireland. Swan Hill Press, Shrewsbury, England, 1998.

MUSGRAVE, T., GARDNER, CHR., MUSGRAVE, W.: Pflanzensammler und Entdecker. Christian Verlag, München, 1999, a.d. engl. Orig.: The Plant Hunters, Ward, Lock, London, 1998.

NIEHAUS, F., BUTIN, H., BÖHMER, B.: Gehölzkrankheiten. Ulmer, Stuttgart, 1992.

PAKENHAM, T.: Meetings with remarkable Trees. Ball, Jeppestown, Südafrika, 1997.

PALGRAVE, K.C.: Trees of Southern Africa. Struik Publishers, Kapstadt, 1997.

PAVLIK, B.M., MUICK, P.C., JOHNSON, S.G., POPPER, M.: Oaks of California. Cachuma Press, Los Olivos, USA, 1994.

PAYER, M.: Materialien zur Forstwirtschaft. Internet Datenbank, www.payer.de, 1997.

ROYAL HORTICULTURAL SOCIETY: Horticultural Database. Internet Datenbank, www.rhs.org.uk, 2002.

SALMON, J.T.: The Native Trees of New Zealand. Reed Publishing, Auckland, 1997.

SCHELLHORN, M.: Reiseführer Natur, Neuseeland. BLV, München, 1996.

SCHÖNFELDER P., SCHÖNFELDER I.: Die Kosmos Kanarenflora. Franckh-Kosmos, Stuttgart, 1997.

SCHUBERT, R., WAGNER, G.: Botanisches Wörterbuch. 12. Aufl., Ulmer, Stuttgart, 2000.

SCHUBERT, R., WAGNER, G.: Pflanzennamen und botanische Fachwörter. 7. Aufl., Neumann-Neudamm, Melsungen, 1979.

SCOTTO, E., FORGEUR, B., DEL MORAL, J.-M.: Olivenöl, das grüne Gold des Mittelmeeres. Edition Spangenberg bei Droemer & Knaur, München, 1996, a. d. franz. Orig. unbek.

SHIGO, A.L.: Neue Baumbiologie. Thalacker, Braunschweig, 1990, a. d. engl. Orig.: A New Tree Biology, Shigo and Trees, Associates, Durham, USA, 1986.

SITTE, P., ZIEGLER, H., EHRENDORFER, F., BRESINSKY, A.: Straßburger, Lehrbuch der Botanik. 33. Aufl., Gustav Fischer, Stuttgart, 1991.

STÜTZER, F.: Die größten, ältesten oder sonst merkwürdigsten Bäume Bayerns. Piloty & Löhle, München, 1900.

VAN GELDEREN, D.M., VAN HOEY SMITH, J., R., P.: Koniferen Atlas. Ulmer, Stuttgart, 1996, a. d. engl. Orig.: Conifers, The Illustrated Encyclopedia. Timber Press, Portland, USA. 1996.

WALTER, H.: Allgemeine Geobotanik. 2. Aufl., Ulmer, Stuttgart, 1979.

WARDA, H.-D.: Das große Buch der Garten- und Landschaftsgehölze. 2. Aufl., Bruns, Bad Zwischenahn, Deutschland, 2001.

WEBERLING, F., Schwantes, H.O.: Pflanzensystematik. 7. Aufl., Ulmer, Stuttgart, 1999.

Register

Danksagung

Viele Menschen haben mir bei der Suche nach besonderen Baumschätzen bereitwillig geholfen, ihnen allen danke ich sehr. Einigen Baumfreunden gilt mein ganz besonderer Dank: Heidi und Dieter Wieland für die Begleitung auf den langen Wegen zu den großartigen Bäumen Kaliforniens; Bruce Morgan, Director of Communication vom Office of Tourism des Staates Louisiana, für die professionelle Führung durch die Sümpfe Louisianas und die Vermittlung zahlreicher wichtiger Kontakte; Simon Kelton vom Department of Conservation in Neuseeland für die Beratung und die Erteilung der Fotografiergenehmigung; Lisa und Erich Stahl sowie Ursula Dosios für ihre Hilfe auf den Wegen zu den Bäumen des mediterranen Raumes. Schließlich möchte ich mich bei Dr. Gerda Tornieporth für die kritische Durchsicht des Buchmanuskripts bedanken.

Mehr als fünf Jahre begleitete mich Iris auf fast allen Reisen durch die „Welt der Bäume". Sie knüpfte entscheidende Kontakte, ihre freundliche und liebevolle Art, Menschen anzusprechen, öffnete uns viele Wege zu besonderen Bäumen. Sie war von Anfang an von meiner Buchidee überzeugt, lies sich auf abenteuerlichen Pfaden nicht beirren, öffnete mir manchmal die Augen und unterstützte mich bis hin zur Erarbeitung der Texte – herzlichen Dank!

Impressum

Umschlagfotos und alle Fotos im Innenteil: Rudolf Wittmann

Das Gedicht von Ina Seidel (S. 107) wurde mit freundlicher Genehmigung von Prof. Dr. Raedler-Seidel zitiert.

Rudolf Wittmann, geb. 1959 in Weihersberg, Bayern, ist Gärtnermeister, Baumsachverständiger und Fotojournalist. Durch diese ideale Verbindung entstand auf zahlreichen Reisen und Fotoexpeditionen das Material für das vorliegende Buch.

Bibliografische Information Der Deutschen Bibliothek
Die Deutsche Bibliothek verzeichnet diese Publikation in der Deutschen National-bibliografie; detaillierte bibliografische Daten sind im Internet über http://dnb.ddb.de abrufbar.

ISBN 978-3-8001-5842-3

Wollgrasweg 41, 70599 Stuttgart (Hohenheim)
E-Mail: info@ulmer.de
Internet: www.ulmer.de
Lektorat: Sabine Drobik, Dr. Nadja Kneissler
Herstellung: Graphic Group Van Damme, Oostkamp (B)
Satz und Repro: Graphic Group Van Damme, Oostkamp (B)
Druck und Bindung: Egedsa, Sabadell, Spanien
Printed in Spain